Marburg- Hämorrhagisches Fieber

MAHNTRÄUME

Autor: JUCELINO NÓBREGA DA LUZ

Gemeinsame Textüberarbeitung durch

São Paulo, 17. Januar 2021

Buchdruck:

Livros de JNL (jucelinoluz.com.br)

Urheberrecht © 2020 von Jucelino Nóbrega da Luz

Art Direction, Grafikdesign und Cover

Die vollständige oder teilweise Vervielfältigung dieses Werks mit beliebigen Mitteln und System ohne vorherige Zustimmung der Redaktion zu verwenden.

Gedruckt in Brasilien - 17. Februar 2021 - Autor: Jucelino Nobrega da Luz

Internationale Katalogisierungs- und Publikationsdaten (CIP)

(Câmara Brasileira do Livro, SP, Brasilien)

Da Luz, Jucelino Nóbrega,

Enthüllungen: Wer ist die JNL? Was ist Marburg?

Die Zukunftsprophezeiungen von Jucelino Luz

Jucelino Nóbrega - São Paulo: Jucelino

Nóbrega da Luz - 2021

Bibliographie.

1. Biographie des hämorrhagischen Marburg-Fiebers

2. Luz, Jucelino Nóbrega da

3. Vorwarnende Träume

4. Präkognition

5. Zukunftsprophezeiungen - Titel

6. Gefahr 2025 und 2026 - Pandemiezeit

7. Prävention und die Möglichkeiten der Behörden

Weitere Informationen über den Originaltext - Englisch im Jahr 2020.

Originalausgabe in englischer Sprache und Übersetzung ins Portugiesische im Jahr 2021.

Zusammenfassung

Marburg -Einführung

TEIL 1

GROSSE PROPHÄNIEN von Jucelin Luz

Teil 2

Die drei Vorworte der Prophezeiung

Teil 3

Die Entdeckung der prophetischen Gabe

Teil 4

Warum Prophezeiungen notwendigerweise wahr sind

Teil 5

Risiko von Pandemien 2009, 2019, 2025, 2026, usw. ....

Teil 6

Eine an uns gerichtete Warnung von Jucelino Luz

Teil 7

Die Auswirkungen der globalen Erwärmung

Teil 8

Marburg - Epidemie in Angola - Afrika

Teil 9

Die nächste mögliche Bedrohung: das Nipah-Virus zwischen 2027 und 2029

Teil 10

Marburg-Virus - möglicher Ausbruch - 2025/2026

Teil 11

Endgültige Rechtfertigung

Teil 12

Briefe an Behörden in aller Welt

Teil 13

Endgültige Schlussfolgerung

Teil 14

Diese andere Epidemie, die in einigen Jahren weltweit mehr als 9 Millionen Menschen töten wird

Teil 15

Das Ende der Menschheit ist bereits auf den Steinen des Bewusstseins festgelegt.

Teil 16

Pharmazeutische Unternehmen in der Forschung auf der ganzen Welt.

Teil 17

Jucelino Luz warnt auch davor, dass die Natur durch den Menschen in einem noch nie dagewesenen Ausmaß zerstört wird.

Teil 18

Der Einmarsch Russlands in die Ukraine wurde 2015 von Jucelino Luz prophezeit

Teil 19

Literaturverzeichnis

Literaturverzeichnis

* Ich hielt es für diesen Moment und für die Zukunft für angemessen, dieses schöne Gedicht an den Anfang dieses Buches zu stellen. Sie wurde vor 2 Jahrhunderten geschrieben.

Wenn der Sturm vorbei ist, weichen die Straßen auf,

Und wir sind Überlebende eines kollektiven Schiffbruchs,

Mit Herzen voller Tränen und einem gesegneten Schicksal

Wir werden uns gesegnet fühlen, nur weil wir noch am Leben sind.

Und wir umarmen den ersten Fremden

Und loben Sie das Glück, einen Freund zu haben.

Und dann werden wir uns an alles erinnern, was wir verloren haben, und sofort alles lernen, was wir nicht gelernt haben.

Wir werden nicht mehr neidisch sein, weil alle gelitten haben.

Wir werden nicht länger ein verhärtetes Herz haben.

Wir werden alle mitfühlender sein.

Wir werden für alle mehr wert sein als das, was ich nie hatte.

Wir werden großzügiger sein.

Und viel mehr Engagement

Wir werden verstehen, wie zerbrechlich wir sind und was

 Das bedeutet, dass wir leben!

Wir werden mit denen, die da sind, und denen, die nicht mehr da sind, einen Schwerpunkt setzen.

Wir werden den alten Mann vermissen, der auf dem Marktplatz bettelte, dessen Namen wir nie kannten und der immer für uns da war.

Und vielleicht war der arme alte Mann Gott in Verkleidung ...

Aber du hast ihn nie nach seinem Namen gefragt

Weil er in Eile war...

Und alles wird ein Wunder sein!

Und alles wird ein Vermächtnis sein

Und das Leben, das wir uns verdient haben, wird respektiert werden!

Wenn der Sturm vorbei ist, bitte ich Gott mit Kummer

Dass du uns besser machst, so wie du von uns geträumt hast.

* (K. O' Meara - Gedicht, geschrieben während der Pestepidemie im Jahr 1800)

Danke an die Freunde auf diesem Weg in die Zukunft

Wenn wir uns bewusst machen könnten, wie vergänglich unser Leben ist, würden wir vielleicht zweimal darüber nachdenken, bevor wir die Gelegenheiten wegwerfen, die wir haben, um glücklich zu sein und andere glücklich zu machen.

Viele Blumen werden zu früh gepflückt. Manche sogar schon in der Knospe. Es gibt Samen, die nie aufgehen, und es gibt Blumen, die so lange leben, bis sie sich, Blütenblatt für Blütenblatt, still und lebendig, dem Wind ergeben.

Aber wir wissen nicht, wie wir raten sollen, wir träumen einfach. Wir wissen nicht, wie lange wir diesen Garten Eden oder die Blumen, die um uns herum gepflanzt wurden, noch schmücken werden. Und wir sind unvorsichtig. Wir sind wenig vorsichtig. Von uns selbst und von anderen.

Wir werden wegen Kleinigkeiten traurig und verlieren wertvolle Minuten und Stunden. Wir verlieren Tage, manchmal Jahre. Wir schweigen, wenn wir reden sollten; wir reden zu viel, wenn wir schweigen sollten; wir urteilen zu viel, wenn wir uns im Spiegel des Lebens sehen könnten.

Wir geben nicht die Umarmung, um die unsere Seele bittet, weil etwas in uns diesen Ansatz verhindert. Wir vermeiden einen liebevollen Kuss, "weil wir es nicht gewohnt sind", und wir sagen nicht, dass wir ihn mögen, weil wir denken, dass die andere Person automatisch weiß, was wir fühlen. Wir respektieren uns nicht, weil unser Ego, unsere falsche Macht, unsere Arroganz uns das nicht erlaubt.

Und die Nacht vergeht und der Tag kommt, die Sonne geht auf und schläft wieder ein, und wir bleiben dieselben, in uns selbst eingeschlossen. Wir beklagen uns über das, was wir nicht haben, oder wir denken, wir hätten nicht genug. Wir berechnen. Von anderen. Leben. Von uns selbst. Wir konsumieren.

Normalerweise vergleichen wir unser Leben mit denen, die mehr haben als wir. Was wäre, wenn wir versuchen würden, uns mit denen zu vergleichen, die weniger haben? Das würde einen großen Unterschied machen!

Und die Zeit vergeht ... Wir gehen durch das Leben, wir leben nicht. Wir überleben, weil wir nichts anderes kennen. Bis wir unerwartet aufwachen und zurückblicken. Und dann fragen wir uns: Und jetzt?!

Jetzt, heute, ist es noch Zeit, etwas wieder aufzubauen, eine freundliche Umarmung zu geben, ein Wort der Liebe zu sagen, dankbar zu sein für das, was wir haben. Man ist nie zu alt oder zu jung, um zu lieben, zu respektieren, etwas von sich zu geben, ein freundliches Wort zu sagen oder eine liebevolle Geste zu machen. Schauen Sie nicht zurück. Was vergangen ist, ist vergangen. Was wir verloren haben, haben wir verloren. Freuen Sie sich! Es ist immer noch Zeit, die Blumen und Früchte zu schätzen, die uns umgeben. Wir haben Zeit, uns nach innen zu wenden und für das Leben zu danken, das, obwohl es vergänglich ist, immer noch bei uns ist.

Zuallererst möchte ich der Universellen Höheren Ebene danken, die meinen Weg erhellt, meiner Familie und allen Freunden, Kollegen, Verwandten, die Teil meiner beschwerlichen Reise waren oder sind, aber auch für den Geist des Lichts, der mich seit 1960 begleitet hat.

Eine Widmung an alle Freunde und Partner für Begegnungen, Gespräche, spirituelle Führung, spirituelle Heilungen und vor allem, dass wir weiterhin gemeinsam für ein besseres Leben für die gesamte Menschheit kämpfen.

Der Visionär und spirituelle Berater Jucelino Luz

Marburg - Einführung

Marburg-Fieber wird durch infiziertes Blut, biologische Flüssigkeiten, Sekrete und menschliches oder tierisches Gewebe übertragen. Für Personen, die mit infizierten Patienten in Kontakt kommen, besteht ein hohes Ansteckungsrisiko. Die Inkubationszeit des Virus, das die Krankheit verursacht - der Zeitraum zwischen der Ansteckung mit dem Virus und dem Ausbruch der Krankheit - wird auf drei bis zehn Tage geschätzt.

Die akute Phase der Krankheit tritt zwischen sieben und 15 Tagen nach den ersten Symptomen auf.

Auch die Beerdigungsrituale von Patienten, die an der Krankheit sterben, tragen in einigen afrikanischen Gemeinschaften zur Übertragung des Virus bei. Eine weitere Ansteckungsquelle ist der Kontakt mit bestimmten kontaminierten Tieren wie Affen und Antilopen, die infiziert oder tot sind. Daher ist es wichtig, die von Fieber betroffenen Gemeinden über die Krankheit und die Vorsichtsmaßnahmen zur Verringerung des Ansteckungsrisikos aufzuklären.

Diagnose

Die Infektion wird durch die Untersuchung von Blut-, Speichel- oder Urinproben bestätigt.

Antikörper und sogar Viren können durch verschiedene Analysen in spezialisierten Labors nachgewiesen werden

Behandlung

Leider gibt es keine spezifische Behandlung für diese Krankheit, so dass sie in vielen Fällen (50 bis 90 %) tödlich verläuft.

Unterstützende Behandlungen (Bekämpfung der Dehydrierung, empirische Behandlung von Begleitinfektionen) und Komfortbehandlungen können sinnvoll sein. Die einzige Form der Vorbeugung besteht in der Isolierung der Patienten und der Verwendung spezieller Kleidung für diejenigen, die einem Ansteckungsrisiko ausgesetzt sind. Es müssen strenge Schutzmaßnahmen getroffen werden: Die Patienten werden isoliert, das medizinische Personal trägt wasserdichte Overalls, Handschuhe und Masken. Dekontaminationsbereiche werden zwischen der Isolierung der Patienten und der äußeren Umgebung eingerichtet. Es ist auch wichtig, die Kontaktkette zu den Patienten wiederherzustellen, um mögliche Kontaminanten zu untersuchen und festzustellen, ob diese Personen isoliert werden müssen.

Das hämorrhagische Marburg-Fieber ist eines der verheerendsten hämorrhagischen Fieber beim Menschen und wird durch das Marburg-Virus verursacht. Dieser Stamm hat eine Sterblichkeitsrate (88 %), wie aus dem Humanregister hervorgeht. Die Übertragung erfolgt durch Kontakt mit Blut, Sekreten oder Geweben einer infizierten Person oder eines infizierten Tieres. Aufzeichnungen belegen die Möglichkeit einer Übertragung des Virus durch das Einatmen von Kotpartikeln der afrikanischen Fledermaus Rousettus aegyptiacus. Die Marburg-Infektion äußert sich zunächst in einer unspezifischen Form, die grippeähnlichen Symptomen ähnelt, gefolgt von Blutungssymptomen und einem hohen Übertragungsrisiko. Selbst in Ländern, in denen die Marburg-Krankheit endemisch ist, sind Safaris und Touren sehr beliebt und werden von Menschen aus aller Welt nachgefragt, was die Möglichkeit einer weiteren Virusübertragung in ihren Heimatländern erhöht. Ziel: Überprüfung und Aktualisierung der Isolierungsmaßnahmen für Verdachtsfälle des hämorrhagischen Marburg-Fiebers je nach Behandlungsort und biologischem Material, wobei Vorschläge auf der Grundlage der aktualisierten Pathophysiologie ausgearbeitet werden sollen. Methodik:

Es wurde eine Literaturrecherche in nationalen und internationalen Datenbanken durchgeführt, um Arbeiten zu finden, die sich auf das Thema beziehen. Schlüsselwörter: Marburg hämorrhagisches Fieber, Management, Isolierung. Ergebnisse: Die Hauptziele des Marburg-Virus sind Makrophagen und Monozyten, wobei auch dendritische Zellen betroffen sind. Sobald diese Zellen aktiviert sind, setzen sie Entzündungsmediatoren frei, die die

Funktion der Endothelbarriere verändern, das Immunsystem durcheinander bringen und Blutungen verursachen. Das Zielorgan ist die Leber, da das N-terminale Ende der Virusglykoproteine eine Affinität zu den Lectin-C-Glykoproteinen der Hepatozyten aufweist. Im Mittelpunkt des Konzepts steht die biologische Sicherheit, d. h. die Anwendung sicherer biologischer Verfahren und spezieller Schutzausrüstung, um die Exposition gegenüber dem Virus zu verringern.

Verdächtige oder bestätigte Patienten sollten in einem Einzelzimmer isoliert bleiben. Die Verwendung eines Gesichtsschutzes wird empfohlen. Ziehen Sie die Verwendung eines N95-Atemschutzgeräts in Betracht, wenn Sie aerosolerzeugende Verfahren durchführen, und ziehen Sie einen Überdruckraum für schwerere Patienten in Betracht. Mögliche Verwendung von doppelten Handschuhen, Bein- und Schuhüberzügen bei Blutungen, insbesondere wenn die Ressourcen für Reinigung und Wäsche begrenzt sind. Sollte der Aufsichtsbehörde auch im Falle eines Verdachts gemeldet werden. Schlussfolgerung: Die Affinität des Virus für Hepatozyten hängt mit Glykoproteinbindungen und der

hämorrhagische Struktur, die auf den Verlust der endothelialen Barrierefunktion durch das Virus zurückzuführen ist. Eine korrekte Patienteneinteilung und der richtige Umgang mit kontaminiertem Material sind notwendig, um das Risiko einer Virusverbreitung zu verringern.

Schlüsselwörter: Marburg-Krankheit, Pathophysiologie, Patientenisolierung

Epidemiologie

Die Übertragung erfolgt durch den Kontakt einer Person mit dem Blut, den Sekreten oder dem Gewebe eines infizierten Tieres oder einer infizierten Person. Berichten zufolge haben sich Menschen, die Höhlen in Uganda (Afrika) besuchten, mit dem Virus angesteckt, was auf den Kontakt von Fledermauskot mit den Atemwegen zurückzuführen ist.

Atemwege. Die Inhalation ist jedoch nicht der häufigste Übertragungsweg auf den Menschen.

Während der Behandlung, um die Übertragungskette zu unterbrechen,

ist es notwendig, dass der Patient in einem isolierten Bereich/Zimmer untergebracht wird und das Personal die Schleimhäute (vor allem Mund, Nase) schützt, wie Jucelino Luz sagt.

Unzureichender Schutz oder falsche Hygienepraktiken können den Erwerb von FHM am Arbeitsplatz ermöglichen, wie 1999 bei zwei Krankenhausmitarbeitern, von denen einer der Chefarzt des Krankenhauses ist, beschrieben wurde.

Bislang wurden etwa 480 Fälle bestätigt und gemeldet

Symptomatologie

Klinische Aspekte des Patienten mit hämorrhagischem Marburg-Fieber.

Das klinische Bild des hämorrhagischen Fiebers von Marburg oder Ebola ist sehr ähnlich. Die Infektion des Menschen mit dem Marburg-Virus-Stamm beginnt sich nach einer Inkubationszeit von 2 bis 21 Tagen klinisch zu manifestieren.

Es handelt sich zunächst um eine unspezifische Erkrankung, ähnlich wie bei einer Grippe, die durch folgende Symptome gekennzeichnet ist:

- Fieber

- Schüttelfrost

- Übelkeit

- Kopfschmerzen

- Durchfall (kann Blut enthalten)

- Erbrechen

- Beliebter makulöser Hautausschlag im Gesicht, am Rumpf und an den Extremitäten.

- Eine frühe Lymphopenie ist auch beim Menschen häufig, ebenso wie eine Anorexie.

Andere Symptome, die ebenfalls vorhanden sein oder im Verlauf der Krankheit auftreten können, nach Informationen aus der Prognose 2008.

- Myalgie

- Arthralgie

- Schmerzen im Unterleib

- Schmerzen in der Brust

- Starker Gewichtsverlust

- Delirium

- Relative Bradykardie

- Schwere Halsschmerzen

Bei dieser Art von Patienten ist die Leber beteiligt - dies wird später erörtert -, doch zeigen die Patienten in der Regel erst im Endstadium der Krankheit Anzeichen von Gelbsucht. Halsschmerzen können mit einer Weichteilschwellung im hinteren Teil des Rachens, Schluckbeschwerden und in schweren Fällen mit Dyspnoe einhergehen.

Späte Augenbeteiligung kann auftreten, der Patient entwickelt eine Uveitis

einseitige Schädigung der vorderen Augenkammer durch das Marburg-Virus, etwa 88 Tage nach Auftreten der ersten Krankheitssymptome.

Es gibt einige Fallberichte wie den einer Patientin, die von einer zweiwöchigen Safari in Uganda zurückkehrte und starke Kopfschmerzen, Übelkeit, Durchfall, Schüttelfrost und Erbrechen hatte. Vier Tage nach dem Auftreten der Symptome hatte sie bei einem Arzttermin anhaltenden Durchfall, Bauchschmerzen sowie zunehmende Müdigkeit, allgemeine Schwäche und geistige Verwirrung. Bei der körperlichen Untersuchung ist er blass und hat verminderte Darmgeräusche. In einem anderen Bericht wird berichtet, dass ein niederländischer Patient nach Uganda reist und nach seiner Rückkehr Symptome von Fieber und Schüttelfrost aufweist. Diese Berichte veranlassten die Weltgesundheitsorganisation zu einer Warnung: Touristen, die in bestimmte afrikanische Länder wie Uganda und Angola reisen, sollten es vermeiden, Höhlen und Minen zu betreten, in denen sich Fledermäuse aufhalten, um den Kontakt mit Viren der Familie der Filoviridae zu vermeiden (Weltgesundheitsorganisation (WHO), 2008; CDC, 2010).

Die Diagnose einer Kontamination des Patienten mit dem Marburg-Virus kann durch die Entnahme von Blutproben und Zahnfleischabstrichen und deren Analyse mit der quantitativen Echtzeit-Polymerase-Kettenreaktion (Q-RT-PCR) oder der ELISA-Methode in weniger als 4 Stunden gestellt werden.

Die Behandlung und die Art und Weise, wie eine Krankheit oder eine kranke Person gesehen wird, ist je nach der lokalen Kultur eines jeden Landes unterschiedlich. Diese Tatsache kann die Bekämpfung des Seuchenausbruchs gefährden. Es kann schwierig sein, einem Patienten mit FHM zu erklären und ihn davon zu überzeugen, dass er isoliert bleiben und keinen Kontakt zu anderen Menschen haben sollte. Es ist wichtig, die Kultur eines jeden Landes zu verstehen,

Es ist notwendig, die Kultur eines jeden Landes zu verstehen, um den Umgang mit dem Patienten zu verbessern, indem Wege vorgeschlagen werden, die den Bedürfnissen jedes einzelnen Patienten entsprechen.

Prognose

Der Patient stirbt in der Regel 8-21 Tage nach dem Auftreten der Symptome, was häufig auf eine multiple Organdysfunktion mit disseminierter intravaskulärer Gerinnung und kardiovaskulärem Kollaps zurückzuführen ist, aber der gesamte Krankheitsverlauf liegt zwischen 10-39 Tagen.

Laboruntersuchungen, die vier Tage nach dem Auftreten der Symptome bei einem mit dem Virus infizierten Patienten durchgeführt wurden, ergaben Hepatitis und Nierenversagen.

In diesem speziellen Fall wurde der Patient nach seiner Einlieferung ins Krankenhaus

Der Patient hatte Panzytopenie, Koagulopathie, Myositis, Pankreatitis und Enzephalopathie. Nachdem die Patientin nach zwei Wochen entlassen worden war, hatte sie immer noch anhaltende Bauchschmerzen und erhielt eine Bluttransfusion, um die Anämie zu beheben.

Allgemeine Merkmale von Filoviren

Familie Filoviridae

Die Familie der Filoviridae ist eine von vier Familien, die die Ordnung der Mononegavirales bilden, und umfasst drei Gattungen - Marburgvirus, Ebolavirus und das kürzlich identifizierte Cuevavirus - mit insgesamt acht hochvirulenten Viren. Alle Viren dieser Familie sind genomisch und morphologisch identisch und unterscheiden sich von den anderen Familien der Ordnung Mononegavirales - Rhabdoviridae, Paramyxoviridae, Bornaviridae - nicht nur durch das nicht segmentierte und besonders lange RNA-Genom, sondern auch durch die fadenförmige Morphologie und einzigartige Konfigurationen. Weitere besondere Merkmale der Filoviren sind die auf Säugetiere beschränkte Infektion, das Vorhandensein eines für die Familie einzigartigen Proteins (VP24) und einzigartige Start- und Endcodons für die Transkription.

Gattung Marburgvirus

Die Gattung Marburgvirus, um die es in dieser Übersicht geht, wurde 1967 identifiziert und umfasst eine einzige Spezies namens Marburgvirus (früher bekannt als Lake Victoria Marburgvirus) mit zwei identifizierten Varianten, dem Marburgvirus (MARV) und dem Ravn-Virus (RAVV)

Das MARV, auch Marburg-Virus genannt, steht im Mittelpunkt dieser Übersicht und wird später ausführlich behandelt.

Das Ravn-Virus wurde 1987 in Kenia identifiziert, nachdem ein 15-jähriger dänischer Staatsbürger die für eine MARV-Infektion charakteristischen Symptome zeigte. Der Teenager starb 10 Tage nach den verfügbaren Maßnahmen. Der Ursprung der Infektion wurde mit Sicherheit festgestellt. Danach tauchte sie erst wieder 1999 in Durba (Demokratische Republik Kongo) auf, wo ein Fall inmitten eines MARV-Ausbruchs festgestellt wurde. Im Jahr 2007 wurde in Uganda ein weiterer Fall von RAVV-Infektion festgestellt, der von einer Bleimine ausging. RAVV wurde aus Höhlenfledermäusen (Rousettus aegyptiacus) in Uganda isoliert, was darauf hindeutet, dass diese Art ein natürliches Reservoir für das Marburgvirus sein könnte. Das Reservoir des RAVV, Marburg-Virus: Epidemiologie, Pathogenität, Labordiagnose und Therapie, sowie die Art der Übertragung auf den Menschen sind jedoch noch nicht bestätigt. Ein weiterer entscheidender Punkt, der bei der Charakterisierung dieses Virus zu berücksichtigen ist, ist seine Inkubationszeit.

Die klinischen Symptome einer RAVV-Infektion ähneln denen einer MARV-Infektion: Kopfschmerzen, Fieber, Erschöpfung, Erbrechen, Übelkeit und Anorexie, gefolgt von Hämatochezie, Hypotonie, Blutergüssen, Leukozytose und Thrombozytopenie. In einem fortgeschrittenen Stadium des Krankheitsbildes kommt es zu Delirium, Zyanose, schwerer Hypotonie, hohem Fieber, Veränderung der Gerinnungskaskade, hypovolämischem Schock und in der Folge zum Tod. Die Autopsie ergab Blutungen in der Bindehaut und der Magen-Darm-Schleimhaut, der Lunge, der Luftröhre, der Nierenrinde, der Blase und dem Epikard sowie ein retroperitoneales Ödem und Ergüsse im Brustfell, Herzbeutel und Bauchfell.

Gattung Ebolavirus

Das Ebolavirus wurde nach dem Marburgvirus als zweites Virus im Jahr 1976 nach zwei gleichzeitigen Ausbrüchen in Zaire (der heutigen Demokratischen Republik Kongo) und im Sudan identifiziert. Der Ursprung der Infektion in Zaire begann in einem kleinen Dorf und wurde schnell in mehreren Fällen im ganzen Land entdeckt, was zu einem Ausbruch von 320 gemeldeten Fällen mit einer Sterblichkeitsrate von 89 % führte. Im Sudan waren es im gleichen Zeitraum 285 Fälle, von denen 54 % tödlich verliefen. Das neue Virus wurde Ebola genannt, weil es den Namen des Flusses trägt, in dem es identifiziert wurde. Dieser Fluss liegt im Norden der Demokratischen Republik Kongo und gehört zur Spezies des Ebola-Virus von Zaire.

Dies ist die Gattung der Familie der Filoviridae, zu der die meisten Arten gehören. Das Ebola-Virus (EBOV) ist das einzige Mitglied der Zaire-Ebola-Virus-Spezies. Er wurde 1976 identifiziert und gilt als der virulenteste seiner Art mit einer Sterblichkeitsrate von 90 %. Das sudanesische Virus (SUDV) gehört zur Spezies der sudanesischen Ebola-Viren. Dieses Virus wurde 1976 bei einem Ausbruch mit SUDV- und EBOV-Fällen identifiziert und ist das zweitgefährlichste Virus mit einer Sterblichkeitsrate von bis zu 51 %.

Das Bundibugyo-Virus (BDBV) gehört zur Spezies der Bundibugyo-Ebolaviren, der jüngsten ihrer Art, und wurde 2007 in Uganda identifiziert. Es ist das dritthäufigste tödliche Virus seiner Art mit einer Sterblichkeitsrate von etwa 42 %.

- **Allgemeine Merkmale der Virusphyla**

Das Tai-Forest-Virus (TAFV), die Ebola-Art Tai-Forest-Virus, wurde 1994 in der Elfenbeinküste identifiziert, nachdem sich ein Ethnologe bei der Autopsie einer Schimpansenleiche infiziert hatte. Dieses Virus wird mit nur zwei Infektionsfällen in Verbindung gebracht, die beide nicht zum Tod der Betroffenen führten.

Schließlich wurde das Reston-Virus (RESTV) der Spezies Reston ebolavirus 1989 in den USA bei aus den Philippinen importierten Affen nachgewiesen. Bislang ist dies das einzige Virus seiner Art, das beim Menschen keine Krankheiten verursacht hat und nur bei Primaten isoliert wurde.

Ebolaviren werden über einen noch nicht bestätigten Vektor übertragen. Es ist jedoch bekannt, dass das Virus nach der Ansteckung 3 bis 22 Tage in der Inkubationszeit im Körper verbleibt, und nach dieser Zeit beginnen die Symptome. Die klinischen Symptome variieren je nach Tierart, sind aber im Allgemeinen charakteristisch.

Therapie

Bislang gibt es keine spezifische antivirale Behandlung für eine Infektion mit MARV oder anderen Viren des Stammes. Der Ansatz besteht darin, nicht den Ursprung des Krankheitsbildes zu behandeln, sondern die Folgen der Infektion. Angesichts des hämorrhagischen Aspekts der Marburg-Krankheit besteht die Intervention in der Aufrechterhaltung des physiologischen Kreislaufvolumens, des Sauerstoffgehalts, des Blutdrucks und der Durchblutung sowie der Erhaltung des Elektrolytgleichgewichts durch die Verabreichung von Flüssigkeiten und Transfusionen von Blut und Gerinnungsfaktoren. Die Verabreichung von Antibiotika wird auch bei Folgeinfektionen eingesetzt, ebenso wie andere Medikamentenklassen je nach Bedarf (Centers for Disease Control and Prevention). Entwicklung neuer Therapien: Zahlreiche Therapien wurden in Tiermodellen untersucht, aber bisher wurde keine für den Menschen zugelassen. Rekombinantes (rNAPc2) als Post-Expositions-Behandlung wurde im Hinblick auf die Nützlichkeit seines antithrombotischen Potenzials zur Umkehrung einer durch MARV verursachten disseminierten Koagulopathie untersucht. Die Überlebensrate betrug 16 % und die Zeit bis zum Tod 1,7 Tage. Da der Schutz nur partiell war, besteht die Herausforderung bei dieser Therapie darin, Adjuvantien hinzuzufügen, um ihr Potenzial zu erhöhen und ihr Wirkungsspektrum auf weitere bekannte MARV-Stämme auszudehnen. FGI-103, eine Verbindung mit niedrigem Molekulargewicht, wurde in einer mit EBOV durchgeführten Studie identifiziert und erwies sich bei Tests an Mäusen, die mit einer tödlichen Dosis eines modifizierten MARV-Stamms (der mit der Fähigkeit ausgestattet ist, Nagetiere zu infizieren) infiziert waren, als ein Molekül mit einem potenziellen Hemmstoff für die Pathogenese dieses Virus, das 24 Stunden nach der MARV-Infektion verabreicht wurde. Mit FGI-103 behandelte Mäuse wiesen eine niedrige Viruslast und niedrige Werte von TNF-α, IFN-gamma, IL-6 sowie physiologische Werte von Leberenzymen auf. Obwohl der Mechanismus der Hemmung von FGI-103 sowie die Beteiligung anderer Moleküle an diesem Prozess noch definiert werden müssen, stellt es einen Fortschritt auf diesem Gebiet dar und ist eine mögliche Behandlung für die attenuierte vesikuläre Stomatitis (RVSV), die das GP-Protein des Musoke-Stammes von MARV exprimiert, hat sich als Behandlung nach der Virusexposition als wirksam erwiesen, wobei die Überlebensrate bei Primaten nach Verabreichung 30 Minuten nach der Infektion 100 % betrug. Der Nachteil dieser Behandlung in einem Ausbruchsszenario ist das Zeitfenster, in dem sie verabreicht werden muss, da die Wirksamkeit bereits nach 2 Tagen der Infektion aufgehoben ist. Bei zufälligen Infektionen in einer Laborumgebung, in der die Verabreichung zum Zeitpunkt der Wirksamkeit des Impfstoffs möglich ist, kann er jedoch eine praktikable Option sein. BCX4430 ist ein synthetisches Adenosin-Analogon, das die virale RNA-Polymerase hemmen kann. Es wurde als Behandlung nach der Exposition gegenüber dem Musoke-Stamm von MARV und anderen Viren des Stamms Macaca fascicular bei Affen untersucht. Das Präparat wurde bis zu 48 Stunden nach der Infektion verabreicht und zweimal täglich bis zu 14 Tage später weiter verabreicht. BCX4430 hat ein ausgezeichnetes Sicherheitsprofil gezeigt und wartet auf die Ergebnisse der klinischen Phase-1-Studie am Menschen, die im Mai 2016 abgeschlossen wurde. AVI-7288 ist ein Antisense-Oligomer, das die virale Replikation verhindern soll, indem es die Transkription des NP-Protein-Gens durch Bindung an dessen Boten-RNA blockiert. Diese Verbindung wurde an MARV-infizierten Macaca fascicular Affen getestet, indem sie 1, 24, 48 und 96 Stunden nach der Infektion in verschiedenen Gruppen über einen Zeitraum von 14 Tagen verabreicht wurde. In den Affengruppen mit Verabreichung 1, 24 und 96 Stunden nach der Infektion lag die Überlebensrate bei 86 %, während in der Gruppe mit Verabreichung 48 Stunden nach der Infektion alle Affen überlebten (im Gegensatz zur Kontrollgruppe, in der Kochsalzlösung verabreicht wurde, was zum Tod aller Affen führte). Zusammenfassend lässt sich sagen, dass diese Studie bewiesen hat, dass AVI-7288 in der Lage ist, faschikuläre Affen vor Kapitel VIII - Therapeutika 55 M. zu schützen, wenn es bis zu 96 Stunden nach der Infektion für 14 Tage verabreicht wird.

Es stellt keine Gefahr für die Sicherheit des Einzelnen dar und hat keine nachteiligen Auswirkungen. AVI-7288 stellt eine Behandlungsmöglichkeit nach der Exposition dar.

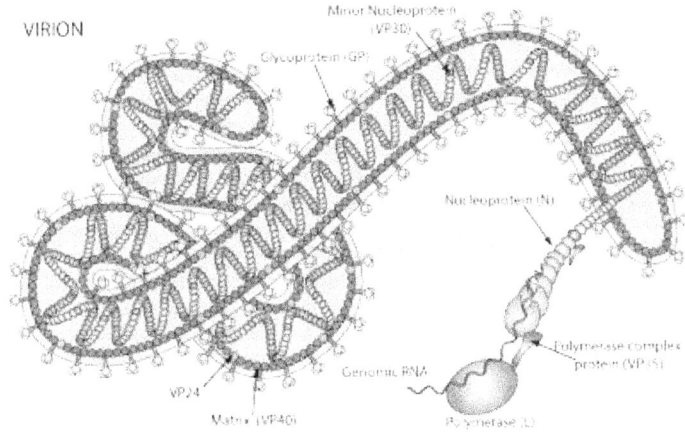

Bildnachweis / Quelle: Veröffentlicht von viral zone.

TEIL 1

BEEINDRUCKENDE PROPHEZEIUNGEN VON JUCELINO LUZ

Jucelino Luz - JNL - spiritueller Berater, Umweltschützer und Menschenfreund (Visionär).

(Der Journalist Renato Campos ✝)

Für die einen ist er der "größte Prophet der modernen Geschichte", für die anderen der große Friedensstifter aller Zeiten.

Seit Dutzenden von Jahren pflegen die Behörden die Tradition, den Seher persönlich in Santo André zu besuchen, um ihm zu huldigen und Informationen von "ihrem Propheten" zu erhalten. Alles an diesem Mann und seiner Arbeit ist ungewöhnlich. Jucelino Nóbrega da Luz ist der einzige "Prophet" der Neuzeit, ein Wesen, das sich mehr um andere als um sich selbst kümmert.

Seine Schriften werden noch jahrzehntelang in Erinnerung bleiben und werden von vielen Menschen respektiert.

Papst Johannes Paul II. und andere wichtige Persönlichkeiten hätten vom "Propheten Amerikas" profitiert? - Oder ihn benutzen, um ihr persönliches Prestige zu steigern, indem sie behaupten, dass Jucelino Luz sie als die größten wohlwollenden Vertreter zitiert hat? Und heute, mehr als 30 Jahre nach der Anerkennung von Jucelino Luz, glauben Millionen von Menschen blindlings an diesen "Visionär des Jahrhunderts oder der zukünftigen Reisen", nur weil er in der Lage war, beeindruckende Prophezeiungen über Ereignisse zu machen, die uns mehr oder weniger quälen?

Zu seiner Zeit war der Name Jucelino Luz bereits sehr angesehen, weil er Tag, Monat und Jahr mit großer Genauigkeit vorhersagte.

Heutzutage respektieren Juristen, Evolutionsforscher, Journalisten, Wissenschaftler und Gelehrte die Vorhersagen von Jucelino Luz, die sie für sehr wertvoll halten. Er verfügt über eine sehr respektable Präzision und zeigt, wie viele Vorteile solche Prophezeiungen in der Vergangenheit und in der Zukunft gebracht haben.

Manche beschreiben Jucelino Luz als einen kühnen, inspirierten und äußerst gebildeten Mann und einen außergewöhnlichen Humanisten. Da er als Zukunftsreisender bekannt ist, wollen alle in ihm einen Reformer des Planeten sehen. Seine Prophezeiungen sind eine Art Gegenstück zur Apokalypse, mit viel Hoffnung und Bewusstsein. Seine einfache Sprache ist wichtig im Zusammenhang mit der Veränderung der Natur und der Umweltzerstörung.

Andere sagen: "Was das Grundthema der Prophezeiungen angeht, so predigen sie immer Bewusstsein, Verbrechen, Katastrophen, Klimawandel - Fakten

Sie kann in jeder Epoche der Menschheitsgeschichte vorkommen". Mit anderen Worten: Es ist nicht schwer, Vorhersagen über diese Art zu treffen. Aber Jucelino Luz verrät genaue Daten. Kein normaler Mensch kann die Tage, den Monat und das Jahr der verschiedenen Ereignisse berechnen.

So fassen die Wissenschaftler ihre Ansichten über "den größten Propheten Amerikas aller Zeiten", wenn nicht der Welt, zusammen.

"Mehr als hunderttausend Briefe wurden leserlich verschickt". Kurz gesagt: Wenn man so viel vorhersagt, ist es fast unmöglich, alles richtig zu machen.

1973 kam es in Brasilien zu heftigen Nachforschungen über Jucelino Luz. Aber dieses Mal ging es nicht darum, die Glaubwürdigkeit der Vorahnung zu überprüfen oder nicht; sie kämpften um die genaue Form seiner Interpretation. In seinem Buch "Revelations" (Offenbarungen) hat er eine historische Darstellung der globalen Erwärmung gegeben, und vor kurzem haben Wissenschaftler alle seine Befürchtungen bestätigt, was seine Aussagen noch glaubwürdiger macht.

Die Wissenschaftler und seine jüngsten Äußerungen auf einer wissenschaftlichen Tagung in Frankreich, den USA, Deutschland und Japan haben bewiesen, dass Jucelino Luz mit dem Abschmelzen der Polkappen, dem Wassermangel auf dem Planeten und dem Einbruch der Gezeiten an den Küsten wirklich Recht hat.

In Anbetracht dessen kann der moderne Meister gedeutet werden, einfach weil wir Ihre Denkweise, Sprache, Inspirationsquellen und die Bedeutung der von Ihnen verwendeten Schriften kennen.

Jucelino Luz selbst hat gesagt :

Zweifellos bezieht sich Jucelino Luz in dem oben genannten Text auf das planetarische Bewusstsein. Dies bedeutet jedoch, dass diese Prophezeiungen um das Jahr 2015 herum leichter zu verstehen sein werden, wenn sie anfangen, geschätzt zu werden.

Dies bedeutet jedoch nicht unbedingt, dass die Bedeutung der Berichte bis dahin völlig verborgen bleiben muss, auch wenn einige wichtige Passagen klar sind oder engagierte Forscher viele Fälle aufklären konnten. Außerdem haben sich zahlreiche Prophezeiungen bis heute erfüllt.

Die vorhergesagten Tatsachen sind eingetreten. Es ist genau so, wie es die Zukunftsreisen angekündigt hatten, und gerade deshalb können wir uns von Jucelino Luz so angezogen fühlen, denn er lebt in einer Zeit, die sich von der Vergangenheit stark unterscheidet. Je mehr er sich mit seinen Ideen beschäftigt, desto mehr wächst seine Überzeugung, dass er nur für uns schreibt. Er bezieht sich auf uns. Heute ist die "Zeit des Bewusstseins", wie er sagt.

Heute: alles im Wandel.

Große Veränderungen kennzeichnen die Zeit, in der Jucelino Luz lebt. Er wurde in Floriano-PR, Bezirk Maringá-PR, als Sohn von Oswaldo Nóbrega da Luz und Edilia Ferreira da Luz geboren. Er hat sich mit Wissenschaftlern in Frankreich, Japan, den USA und Deutschland getroffen und auf die alarmierende Situation des Planeten hingewiesen. Mit dem so genannten "Humanismus" eröffnet er neue Horizonte und lehrt die Menschheit ein neues Weltbild mit einem unterschätzten Lebensgefühl, das die Freude am Leben und die ursprüngliche Seite unserer Natur offenbart. Jetzt wolltest du leben. Niemand wird durch das Versprechen einer zukünftigen Glückseligkeit in der Ewigkeit angezogen.

Heute herrschen auf der Erde Unordnung und Auflösung. Aber auch die nachweislich letzten stabilen "Laws" beginnen zu wackeln. Niemand hat sich getraut, die menschliche Zerstörung öffentlich zu bekennen, aber viele wissen, was Jucelino Luz gesagt hat.

Verwandt mit dem Propheten, ausgewählt von guten Spiritualisten.

Doch im Blut des jungen Jucelino Luz steckt ein starkes und teures Erbe. Daher kann man sagen, dass es direkte "Blutsbande" zwischen dem Evangelisten Johannes und dem Heiligen Josef gibt. Als Prophet trägt er eine starke genetische Last.

Altägyptisch, um die Zeit zu kontrollieren und zu bestimmen

Zumindest anfangs muss Jucelino Luz sehr misstrauisch gegenüber den Ergebnissen, also dem, was er in den Visionen sah und wahrnahm, gewesen sein. Und einmal über Influenza, Aids, Ebola, Covid 19 und Marburger Fieber erzählt.

Deshalb hat er eine Art Kontrolle aufgebaut, ein typisches und unverwechselbares Merkmal von ihm. Aber genaue Daten und viel größer als die vorherigen Propheten. Das Instrument der Kontrolle ist der Kalender und die Mathematik des alten Ägyptens. Unmittelbar nach dem Aufwachen überprüfte er die in seinen Träumen getroffenen Vereinbarungen, um sie, wie er sagt, zu "entwurzeln". Das heißt, seine Prophezeiungen mit umfangreichen ägyptischen Berechnungen, so dass er von den authentischen Omen jedes Element vielleicht infiltriert eliminiert

Der Hauptzweck der Berechnung besteht jedoch darin, Orte und Daten zu ermitteln. Jeder, der mit Wahrsagern und Sehern zu tun hatte oder biblische Prophezeiungen gelesen hat, weiß, dass die Festlegung von Daten oder die Angabe von Orten die schwierigste Aufgabe ist. In der Vorstellung des Hellsehers wird ein Film gezeigt. Er sieht Szenen und Bilder in seinen prägnanten Träumen in der dritten Dimension. Vielleicht fühlt er sich sogar in die Tatsachen integriert, lebt und nimmt intensiv an ihnen teil.

Das Problem ist, dass die Visionen mit unglaublicher Geschwindigkeit vorbeiziehen, aber die Vorahnung kann alles abdecken. Sie zu beschreiben ist einfach und kann den Szenen folgen, die Sie beobachten; außer in einigen Fällen.

Man kann also mit Fug und Recht behaupten, dass er einer der größten Propheten aller Zeiten ist.

Der Prophet sieht jedoch lesbare Daten, doch können sich solche Angaben ändern.

Manchmal erscheinen in der Film-Vision aber auch ein bis neun eng zusammenhängende oder nach ähnlichen Mustern ablaufende Sachverhalte aneinandergereiht. Das beste Beispiel ist die Prophezeiung Jesu über die Zerstörung der

Jerusalem und das Ende der Welt. Wie wir in diesem Buch zeigen, werden die Zerstörung Jerusalems, der heiligen Stadt des Alten Testaments, und die Zerstörung Roms, der heiligen Stadt der Christenheit, in dieser Prophezeiung zu einer einzigen Vision verschmolzen. Der erste Teil ist grässlich gemacht. Im Jahr 70 der christlichen Ära, genau so wie es gewesen war. Diejenigen, die die Prophezeiung verstanden und ihr glaubten, konnten sich retten. Der zweite Teil wurde für 2000 Jahre ausgesetzt.

Als ob er sich entschuldigen wollte, sagte der "Prophet" Jesus:

"Aber niemand kennt den Tag oder die Stunde. Nicht einmal die Engel im Himmel. Nur der Vater". (Matthäus, Kapitel 24)

Jucelino Luz ist überzeugt, dass er eine Lösung für diesen problematischen Aspekt der Prophezeiungen gefunden hat: den ägyptischen Kalender, wie er sagt, die Berechnung der Zeiten.

Viele Interpreten von Jucelino Luz versuchen immer wieder zu beweisen, dass sein Prophet einer der vollkommensten ist. Wahrscheinlich tun sie dies, indem sie sich seine Dokumente ansehen.

Seine Arbeit hat nichts mit Religion, Sekten und Philosophien zu tun.

In der Tat unterscheidet er deutlich zwischen den Religionen, aber er respektiert alle Konfessionen und hat viele von ihnen besucht. Zweifelsohne ist sie auch Teil der Spiritualität. Er bereitet Präsentationen vor, in denen Gott sich über allem manifestiert und die Menschen mit einer eifrigen Vision begleitet.

Jucelino Luz beharrt auf seiner ökumenischen Haltung, um separatistische und individuelle Auffassungen zu verhindern.

Und er ist aufrichtig in dem, was er sagt... seine Religion ist wirklich "Gott". Mit dieser Unterscheidung befinde ich mich im Einklang mit den großen Theologen der heutigen Zeit.

Vorhersagen sind nicht nur gottgewollt, sondern auch lobenswert, wenn es sich um unvermeidliche Ereignisse wie Katastrophen, Epidemien, Kriege usw. handelt. In diesen Fällen ist das physikalische Gesetz von Ursache und Wirkung vorhersehbar und kann vor solchen Problemen warnen und sie minimieren.

Aber wie bereits erwähnt, sind Jucelino Luz' Prophezeiungen nicht aus ägyptischen Berechnungen entstanden, sondern dienen lediglich als Kontrollfaktor, um die Visionen in Zeit und Raum zu verorten.

Für Jucelino ist die dritte Bedingung die wichtigste. Um seine Sichtweise zu verstehen, muss man sich in seine Zeit und in die heutige Denkweise versetzen. Die Erde und alles, was sie enthält, ist die Unterwelt, unvollkommen, vergänglich, schwach. Über ihm befindet sich eine andere, vollkommene Welt, der Sitz der Ewigkeit und der Wohnsitz Gottes. Alles um ihn herum ist und ohne ihn. Die sichtbaren Zeichen und seine Anwesenheit sind jedoch die Sterne, die sich wie Schalter bewegen und die Ereignisse in der Unterwelt steuern. Da diese Schalter nicht willkürlich umgelegt werden, sondern nach einer strengen Ordnung und vorhersehbaren Gesetzen, kann man Gottes Gedanken durch sie erraten. Die des Mannes, der die Sterne beobachtet, ist "dem Himmel so nah wie deine Füße auf der Erde

Kann ein Prophet etwas falsch verstehen?

Aus heutiger Sicht sind die Fehler in den Prophezeiungen auf die astrologischen Berechnungen zurückzuführen, die die Daten bestimmen. Erinnern wir uns doch an die Worte von Saint Germain: "Prophezeiungen sind nicht in Stein gemeißelt". In Ihren eigenen Worten, Jucelino Luz Korrekturen in bestimmten Fällen sind besser für Fehler machen ... Wie jeder andere auch, können Sie keine Fehler machen.

"Aber denken Sie daran, dass Prophezeiungen kein Spiel sind - und die Energien können sich jedes Mal ändern und werden von keinem Propheten kontrolliert..."

Das bedeutet, dass künftige Veränderungen nicht von einem Propheten kontrolliert werden.

Ein weiterer Faktor, der zu Fehlern führen kann, ist das bereits erwähnte Problem, die Szenen der Visionen richtig zu interpretieren. Es ist schwieriger, sie auf verständliche Weise zu beschreiben oder geeignete Namen zu finden.

Doch Jucelino Luz gelingt dies, obwohl er zögert, zu lernen, was das alles bedeutet.

Er versteht es, seine Visionen mit erstaunlicher Präzision und unglaublicher Klarheit zu vermitteln. Diese Leistung ist wirklich bewundernswert. Je mehr Sie seine Prophezeiungen studieren, desto mehr beeindrucken sie uns und machen Sie neugierig.

Jucelino Luz ist ein Bestsellerautor

Solche Interpretationen sind möglich, weil die authentischen Originaltexte erstaunlicherweise bis heute erhalten geblieben sind. Die erste Teilveröffentlichung von Jucelino Luz erfolgte 2005 mit dem Buch "The man beyond the prophecies". Ein wahres Jucelino-Luz-Fieber hat Brasilien und auch Japan erfasst.

Es folgten Neuauflagen. Die Verleger waren auf der Suche nach neuen Texten, die Daten hinzufügen würden. Es dauerte nicht lange, bis das Buch "Revelations" im Dezember 2006 veröffentlicht wurde.

Und das, obwohl sich die Texte leicht erweitern lassen, oder vielleicht gerade deshalb.

Darüber hinaus hat die Autorin Fakten und Zitate aus Ereignissen und Antwortschreiben aufgenommen.

Er hat nicht die geringste Neigung zu sadistischer Bosheit gezeigt, zu jenem Fatalismus, der sich daran erfreut, eine verängstigte Menschheit jahrhundertelang mit schrecklichen Visionen zu quälen. Das sollten Sie vielleicht im Hinterkopf behalten, wenn Sie über Jucelino Luz sprechen.

Aufruhr in der Welt - Aufruhr im Klima Und das alles um das Jahr 2039

Jucelino Luz - spiritueller Berater – Visionär

Teil 2: Die drei Vorworte der Prophezeiung

Um Jucelino Luz besser zu verstehen, ist es notwendig, diese drei Vorworte zu lesen. In ihnen erklärt sich der Autor selbst. Er erklärt fast wie in einer Gebrauchsanweisung den Zweck, die Absichten und den "Prozess" seiner Prophezeiungen. Zugleich gibt er einen Überblick über die jeweiligen Zukunftsvisionen.

Das erste Vorwort ist den schwerwiegenden ökologischen Problemen gewidmet, denn Jucelino Luz weiß, dass er keine Zeit hat, sich mit dem prekären Verständnis der Menschen für die schwerwiegenden Probleme der Zukunft auseinanderzusetzen.

Zum besseren Verständnis der nicht immer einfachen Texte wurde jedes Vorwort in Absätze unterteilt.

Das Vorwort ist den ökologischen Problemen gewidmet

Männer vernachlässigen die Zeit und die Warnungen und konzentrieren sich ganz auf ihr materielles Leben. In Anbetracht dieser Warnung, des ökologischen Problems und der Notwendigkeit einer Änderung bis zum 31. Dezember 2007 sollten wir uns mehr Sorgen machen, denn das, was ich durch Gottes Wesen und göttliche Werke erfahren habe, zeigt, dass wir die Verschmutzung der Atmosphäre stoppen müssen, bevor es für die gesamte Menschheit zu spät ist. Die Menschen sind noch nicht in der Lage, mit ihrem schwachen Verstand das Jahr 2043 zu begreifen.

"Jede Prophezeiung kommt von Gott".

Daher kann ich sie nur schriftlich hinterlassen, was der Lauf der Zeit bestätigen würde, da sie unkenntlich werden. Aber die vererbte Gabe, verborgene Dinge vorherzusagen, ist in mir verborgen. Es muss auch berücksichtigt werden, dass die Ereignisse der Menschheit immer ungewiss sind und dass alles von der unvorstellbaren Macht Gottes gelenkt wird.

Er ist es, der uns lehrt, nicht durch illusorische Halluzinationen, nicht durch psychische Erregungen, sondern durch dokumentarische Beweise.

Nur wenn sie durch göttliches Wirken berührt werden, sagen vorausschauende Träume die Zukunft voraus. Und sie haben Anteil am prophetischen Geist.

Oft und lange Zeit habe ich Ereignisse angekündigt, lange bevor sie eintraten. Es sollte hinzugefügt werden, dass alles durch göttliche Kraft und Macht vollbracht wurde. Andere günstige oder unglückliche Ereignisse, die kurzfristig vorhergesagt werden und die tatsächlich eingetreten sind und noch eintreten werden, ergeben sich aus dem Weltklima. In der Tat würde ich es vorziehen, darüber zu schweigen und sie auszulassen, um die Empfindlichkeiten der Gegenwart weniger, aber vor allem die der Zukunft nicht zu verletzen.

Aus diesem Grund habe ich mich für eine offene Sprache und die Verwendung von Metaphern in dem Papier entschieden. Ich habe sogar daran gedacht, das, was ich prophezeit hatte, zu stoppen. Jetzt erkläre ich zukünftige Ereignisse von allgemeinem

Interesse in offenen und klaren Sätzen. Das gilt auch für die herrschsten Dinge und für zukünftige menschliche Produktionen, die, wie ich gesehen habe, die offensichtliche allgemeine Berühmtheit irritieren werden.

Alles wird in klaren Bildern ausgedrückt, mehr noch als in allen anderen Prophezeiungen. Schließlich wurde gesagt: "Natürlich ist das für alle Weisen und Klugen eine Sache der Gegenwart und der Mächtigen, und du hast sie den Kleinen und Demütigen deutlich gemacht.

Der unsterbliche Gott und die guten Engel haben den Propheten die Macht der Vorhersage gegeben. Dadurch sehen sie Dinge aus der Ferne und sind in der Lage, zukünftige Ereignisse vorherzusagen.

Denn ohne ihn, dessen Macht so groß ist, kann nichts geschehen. Seine Barmherzigkeit gilt den Menschen. Während sie vorhaben, die Existenz anderer menschlicher Fähigkeiten zu verhindern, wie z.B. den Ursprung des guten Genies, wird die warme prophetische Fähigkeit auf uns einwirken, so wie unser Körper von den Strahlen der Sonne durchflutet wird.

Seine Auswirkungen betreffen sowohl den gewöhnlichen Körper als auch den vergeistigten Körper.

Denn die Werke des Schöpfers sind vollkommen absolut. Gott vollendete sie mit Hilfe von Engeln, die zwischen Gut und Böse stehen.

Denn was heute Prophet genannt wird, hieß früher Seher. Der wahre Prophet sieht ferne Dinge auf eine Art und Weise, die dem normalen Wissen eines jeden anderen Wesens völlig fremd ist. Dank der totalen Erleuchtung werden dem Propheten zukünftige Ereignisse offenbart, sowohl göttliche als auch menschliche, etwas, das andere kaum erreichen können, da sich Prophezeiungen über lange Zeiträume erstrecken.

"Ist es möglich, Prophezeiungen zu machen?"

Denn das Wesen der Geheimnisse Gottes ist unfassbar. Die wirkende Kraft kommt jedoch für lange Zeit mit der natürlichen Wahrnehmung in Berührung, die den freien Willen hervorbringt.

Aus den Fakten lassen sich die Ursachen ableiten, diese können nicht durch menschliche Intuition bestimmt werden

Menschen, durch das, was bereits durch okkulte Wissenschaften oder Veränderungen geschieht. Sie werden unter dem Himmelsgewölbe selbst wahrgenommen, der gegenwärtigen und greifbaren Wirklichkeit der ganzen Ewigkeit. Sie gilt für alle Zeiten.

Dank dieser unteilbaren Ewigkeit und der Säkularität der Prozesse können die Ursachen jedoch durch siderische Bewegungen aufgedeckt werden.

Es ist also möglich, die Zukunft vorauszusehen und Prophezeiungen zu machen, aber sie können nicht ohne göttliche Inspiration erlangt werden, denn jede prophetische Inspiration erhält ihren ersten motivierenden Impuls von Gott, dem Schöpfer. Erst danach kommen planetarische Einflüsse und natürliche Talente.

Diese drei Elemente unterscheiden sich voneinander und tragen in unterschiedlicher Weise zur Vorhersage bei. Einer von ihnen kann sogar abwesend sein. Das, was vorausgesagt wird, kann also ganz oder teilweise eintreten. Dies geschah im Fall der "Wahlen 2006 bis 2020".

Teil 3: Entdeckung der prophetischen Gabe

Während er mit gleichaltrigen Jungen spielte, fiel ein Ball (eine Kugel) mit viel Licht auf den Boden seines Gartens, und die Flamme, die er in die Luft erhob, strahlte ein seltsames Licht aus, das lebendiger und wärmer war als natürliches Licht. Plötzlich erleuchtete es den Boden des Hofes, leuchtete wie ein Blitz, als würde es brennen.

Denn es gibt Menschen, die darauf bestehen, Silber in Gold umzuwandeln, andere suchen unbestechliche Metalle in der Erde oder versuchen, verborgene Wellen zu fangen.

Aber ich hielt diese Kugel ganz fest, ohne Angst und ohne an die Gefahr zu denken, die mir drohte.

Die elementaren Daten der Prophezeiung

Zur Fähigkeit der Unterscheidung, die durch die Fähigkeit der göttlichen Erkenntnis ergänzt wurde, möchte ich Folgendes sagen:

Nur wer die Zukunft kennt, ist in der Lage, die phantastischen Illusionen, die entstehen können, entschieden zurückzuweisen.

Die Eigenheiten der gewarnten Orte können durch göttliche Eingebung im Gedächtnis festgehalten werden.

Dann werden diese Aufzeichnungen der gewarnten Orte mit den Himmelszeichen gezeigt, um zu bestimmen, was ihnen entspricht und durch altägyptische Mathematik berechnet.

Es gibt also drei Schritte: das Wissen um das Verborgene, das Talent, die Fähigkeit und die göttliche Macht. Und vor dem Antlitz Gottes verschmelzen Gegenwart, Vergangenheit und Zukunft in ständigem Wechsel zu einer Ewigkeit. Denn alles ist klar und deutlich vor deinen Augen ...

Daher kann man trotz der elementaren Daten der Prophetie leicht verstehen, dass zukünftige Dinge durch die himmlischen Nachtlichter (Vorahnungen), die natürlich sind, und durch den Geist der Prophetie angekündigt werden können.

Ich habe nicht die Absicht, für mich den Titel oder das Verdienst eines Propheten in Anspruch zu nehmen.

Aber durch die Inspiration sind die Sinne des sterblichen Menschen dem Himmel so nahe wie seine Füße der Erde. "Ich bin nicht falsch....

Ich bin ein Sünder wie jeder andere auf dieser Welt, der allen menschlichen Leiden ausgesetzt ist. Einmal am Tag verfalle ich jedoch in eine Art nächtliche Trance (prämonitorische Träume). Durch sorgfältige Berechnung reinige ich später meine nächtlichen Notizen von giftigen Dämpfen und gebe ihnen einen angenehmeren Duft des Lebens.

So wurden die prophetischen Bücher geboren. Jedes enthält über 200 Blätter, Omen usw. Nach meinem Dafürhalten sind sie ziemlich klar und präzise.

Aber sie befassen sich mit einer Reihe von Vorhersagen, die von 1969 bis viele Jahre in die Zukunft reichen. Vielleicht gelingt es dem einen oder anderen, die Augenbinde abzunehmen, um etwas von dem zu verstehen, was Jucelino Luz in dieser langen Zeitspanne offenbaren will.

Dies wird geschehen und man wird es verstehen, wenn die Küsten vollständig gefüllt sind. Dann werden die Zusammenhänge auf der ganzen Welt verstanden werden.

Teil 4: Warum die Prophezeiungen unbedingt wahr sind

Nur der ewige Gott kennt seine Ewigkeit des Lichts, das von ihm selbst ausgeht. Und wenn er beschließt, jemandem durch erleuchtete Träume seine unendliche, unermessliche und unvorstellbare Größe zu offenbaren, bedeutet das aus Gründen, die nur ihm bekannt sind, dass das, was er voraussagt, wahr ist und zu 70 bis 90 % eintritt und zu 10 % Änderungen eintreten, weil es seinen Ursprung im Himmel hat. Sternenlicht beleuchtet genauso viel wie natürliches Licht. Das natürliche Licht gibt dem Philosophen jedoch die Gewissheit, dass es dank des Übernatürlichen auch das Herz der erhabensten Lehren erhellt.

Aber auch diese werden, wie Jucelino Luz vorhersagt, nicht alles verstehen.

Bei der nächsten Station handelt es sich um eine wissenschaftliche Angabe, die im Folgenden näher erläutert wird:

"Aber die Wissenschaftler werden nicht zustimmen", denn ich habe herausgefunden, dass die Erde am Rande eines totalen Klimawandels steht. Die Überschwemmungen und Überflutungen werden so groß sein, dass es kaum eine Region geben wird, die nicht von den Wassermassen bedeckt ist. Und sie werden so lange dauern, dass alles verloren scheint, weil nichts mehr erkennbar sein wird.

Es wird eine Invasion der Küstenregionen geben, und viele Orte werden unter dem Meer liegen, und das wird in zweiunddreißig Jahren sein.

Vor diesen Ereignissen und auch nach der gewaltigen Flut wird das Klima auf dem Planeten jedoch sehr hoch sein, zwischen 63 und 68 Grad, und die Dürre wird vollständig sein, so dass der Wassermangel zu Konflikten führen wird.

Hass wird in den Herzen der Menschen herrschen und Gewalt wird die Erde beherrschen. Niemand wird an diesen Orten bleiben können, ohne umzukommen.

Große Gemeinschaften werden entstehen und es wird Unterdrückung geben 14 sichere Achsen auf der Erde.

Jeder dieser Zeitabschnitte wird nach meinen Vorhersagen schreckliche Spuren bei den Menschen hinterlassen.

Wieder einmal kehrt Jucelino Luz zu den angekündigten Veranstaltungen zurück. Die unmittelbaren sechsunddreißig Jahre seiner Zeit umfassen die blutigen Religionskriege in Asien und Afrika sowie die Zeit des Zwölfjährigen Krieges mit all seinen Folgen.

"Von dem Moment an, an dem ich schreibe, sind es sechsunddreißig Jahre, zwei Monate und zehn Tage. In diesem Zeitraum, der 2007 beginnt, wird die Welt durch wiederholte Epidemien, Hungersnöte und Kriege, vor allem aber durch Erdbeben, Taifune, Hurrikane, Wirbelstürme, Stürme und lang anhaltende Dürreperioden schwere Schäden erleiden. Es wird so wenig von der Welt übrig bleiben, dass es schwierig sein wird, jemanden zu finden, der bereit ist, die Felder zu bestellen und Bäume zu pflanzen. Wer aus Gier, Arroganz und Egoismus zum Sklaven des Materiellen wird, fühlt sich wieder wie ein Sklave seiner selbst.

Es muss also um der Erfüllung seines Willens willen geschehen und auf keinen Fall aus einem anderen Grund. Gleichzeitig sind sie von Illusionen, Phantasien des Menschen beeinflusst, ohne die geringste Spur von Vernunft.

Es folgt eine Empfehlung: Achten Sie auf die "Himmelszeichen", Jucelino Luz, bezieht sich auf die Asteroiden in den Jahren 2015 bis 2036.

"Die Sterne versammeln sich zu einer" Erneuerung ", denn es wurde gesagt:" Ich werde sie mit eisernen Raketen für ihre Missetaten strafen und ich werde sie mit der Peitsche geißeln. "

Atomkrieg, Viruspandemie, Klimawandel: Die vermeintliche Maya-Prophezeiung über das Ende der Welt mag sich ändern, aber die Apokalypse hat bereits begonnen, und die Agonie wird langsam sein, warnen Wissenschaftler, und wie Jucelino Luz 1988 in einem Brief an Al Gore und andere sagte.

"Die Vorstellung, dass die Welt plötzlich untergehen wird, aus welchem Grund auch immer, ist absurd", erklärte Jucelino Luz.

"Die Erde existiert seit über 4 Milliarden Jahren, und es werden noch viele weitere Jahre vergehen, bevor die Sonne unseren Planeten unbewohnbar macht.

Ein weiterer Tag mit Sonnenschein und steigenden Temperaturen in allen Regionen der Welt.

In fast 5 Milliarden Jahren wird sich die Sonne in einen "Roten Riesen" verwandeln, aber die zunehmende Hitze wird schon lange vorher das Verdampfen der Ozeane und das Verschwinden der Erdatmosphäre verursacht haben. Der Stern wird später abkühlen, bis er erloschen ist.

Und dann werden wir das Zusammentreffen zweier Galaxien erleben - was vielleicht das Ende des Planeten, aber noch nicht der Menschheit bedeutet - wenn sie klug genug sind, andere Wege zu finden, um die menschliche, tierische und pflanzliche Spezies dort fortzuführen.

"Bis dahin gibt es keine bekannte astronomische oder geologische Bedrohung, die die Erde zerstören könnte", sagte Jucelino Luz

Aber könnte die Bedrohung auch vom Himmel kommen, wie es in einigen Hollywood-Produktionen gezeigt wird, in denen riesige Asteroiden auf die Erde stürzen? Eine ähnliche Katastrophe, bei der ein Stern mit einem Durchmesser von 10 bis 15 Kilometern auf die heutige mexikanische Halbinsel Yucatán stürzte, verursachte wahrscheinlich das Aussterben der Dinosaurier vor 65 Millionen Jahren.

Laut Jucelino Luz ist eine ähnliche Katastrophe in naher Zukunft wahrscheinlich.

"Wir haben festgestellt, dass es in der Nähe unseres Planeten keine Asteroiden gibt, die so groß sind wie der, der die Dinosaurier auslöschte", aber wir müssen uns bewusst sein, dass sich alles ändern kann ...

Auch wenn ein Asteroid das Aussterben der Dinosaurier und vieler Arten verursacht hat, hat er nicht alles Leben auf der Erde ausgelöscht. Die menschliche Spezies hätte die Möglichkeit zu überleben, sagte Jucelino Luz.

Teil 5: Risiko von Pandemien 2009 bis 2029 und so weiter....

Das Überleben einer weltweiten Pandemie eines mutierten Virus wie der H5N1-Vogelgrippe könnte komplizierter sein, aber "es würde nicht das Ende der Menschheit bedeuten". Was uns bevorsteht, ist COVID19 im Jahr 2019 und möglicherweise 2025 bis 2026 eine mögliche Marburg-Virus-Pandemie - aber wenn wir vorsichtig und vorbereitet sind, können wir "Chaos" vermeiden.

"Die Vielfalt der Immunsysteme ist so wichtig, dass es mindestens 1 % der Bevölkerung gibt, die von Natur aus resistent gegen Infektionen sind", sagte Jucelino Luz

Obwohl die Atomkriegsthese seit dem Ende des Kalten Krieges an Kraft verloren hat, ist sie nicht völlig verschwunden.

Die Zahl der Opfer würde vom Ausmaß des Konflikts abhängen, aber selbst ein regionaler Konflikt - etwa zwischen Pakistan und Indien - würde ausreichen, um einen "nuklearen Winter" mit weltweiten Auswirkungen zu verursachen, wie etwa einen Temperaturabfall, der beispielsweise die Landwirtschaft unmöglich machen würde.

Jucelino warnte jedoch vor der globalen Erwärmung, und Wissenschaftler zeigen sich besorgt über den Klimawandel und warnen, dass die Erwärmung des Planeten dem befürchteten Weltuntergang am nächsten kommt.

Und dieses Mal gibt es einfache Maßnahmen, die alles verändern könnten - und die Chancen. Dürren, Stürme und andere Naturkatastrophen würden mit dem Anstieg der Welttemperatur, die bis 2043 um 2° C, 4° C und sogar 5,4° C oder mehr ansteigen könnte, häufiger und intensiver werden, wenn nicht rechtzeitig etwas unternommen wird.

Dies käme einem kollektiven Selbstmord der menschlichen Spezies gleich, warnen die Prophezeiungen von Jucelino Luz und einigen seriösen Wissenschaftlern, die ihre Forderungen zur Eindämmung der verheerenden Erwärmung des Planeten verstärken.

Die Kluft zwischen Afrika und Brasilien verläuft zwischen dem Nordosten und dem Südosten des Landes.

Teil 6 - Eine Mitteilung von Jucelino Luz wurde uns zugestellt:

Wenn er über den Zeitpunkt spricht, an dem sich seine Prophezeiungen erfüllen werden, erwähnt Jucelino Luz immer den "Riss", der die größte Katastrophe in Brasilien und der Welt auslösen könnte. Der Zusammenhang zwischen Eis und Crack ist eng, und alles wird durch die Irrationalität der Menschen noch verschlimmert. Das Datum dieser Ereignisse wird um das Jahr 2043 herum liegen.

Steht wirklich eine doppelte Katastrophe bevor? Wenn der Prophet Recht hat, und viele andere Seher, Wahrsager und sogar moderne Wissenschaftler stimmen ihm zu, dann besteht kein Zweifel: Die Zeit ist gekommen.

Jucelino Luz selbst nennt zwei plausible Gründe, um das fatale Datum zu rechtfertigen. Warum jetzt und nicht später?

Erstens: In den fast (101 Tausend) Briefen führt der Prophet alle genauen Daten an. Und es gibt viele in der Zukunft, alle anderen gehören der Vergangenheit an. Sie sind: der Angriff auf die Zwillingstürme am 11.9.2001, der Tsunami in Asien am 26.12.2004, Covid19, bestimmt ein wichtiger Meilenstein seiner Erfolge und Präzision der Ereignisse. Dieses Datum bedeutet für Jucelino Luz so etwas wie den großen Wendepunkt der Geschichte. An diesem Tag wird die Welt untergehen, wie viele Menschen behaupten, die das JNL nicht kennen und seine Prophezeiungen falsch interpretieren. Im Gegenteil, von diesem Moment an wird alles anders laufen. Das gilt für fast 80 % der Weltbevölkerung.

Jucelino Luz macht seine Berechnungen nach dem ägyptischen Kalender. Daher entsprechen die vom Propheten für diese Daten vorhergesagten Ereignisse den alten mathematischen Berechnungen.

Jucelino Luz hat das Ereignis im Voraus sehr genau berechnet.

Für die Astrologen der Antike waren Sonnenfinsternisse stets ein Zeichen für schwerwiegende, oft katastrophale Störungen. Der Tod eines Herrschers, die Zerstörung eines Landes, eine Naturkatastrophe.

Dies ist genau das, was Jucelino Luz ankündigt.

In Afrika werden die Kanarischen Inseln bis zum 25. November 2028 ausbrechen.

Es gibt starke Argumente, die die Prophezeiungen von Jucelino Luz und anderen Propheten der Vergangenheit bestätigen. Die angekündigte Kollision des Himmelskörpers mit der Erde muss zwischen 2029 und 2036 stattfinden. Nach ihnen wird die Menschheit über wirksame Schutzmaßnahmen gegen solche Risiken verfügen. In den Schubladen der Wissenschaftler liegen bereits Pläne für Verteidigungsmaßnahmen bereit. Sie werden in naher Zukunft realisiert werden können.

Schauen wir uns nun die Prophezeiungen für die nächsten Jahre an, beginnend mit den irdischen Ereignissen.

Eine Zerstörungswolke von mehr als 130 km Länge zog im Jahr 2023 über den Himmel von São Paulo und New York.

Die Zerstörung von Venedig - Italien

Das Ende der Finsternis: Venedig wird bis zum 19. März 2039 durch das Auffüllen des Wassers radikal zerstört.

Kosmische Katastrophen, verschlimmert durch menschliche Irrationalität.

Wenn von Jucelino Luz die Rede ist und von dem, was seine Prophezeiungen für die kommenden Jahre ankündigen, sind die meisten Interpreten nichts anderes als Beschreibungen der Zerstörung der Umwelt.

Alle Schrecken der Tsunami-Ströme und Orkane werden jedoch durch die nachfolgenden Prophezeiungen des Propheten überwunden: der "Tumult der Unruhen". Denn diese "kosmische Revolution" wird schwerste Folgen für das Leben auf der Erde haben.

Jucelino Luz lässt keinen Zweifel aufkommen: Unserem Planeten droht eine verheerende Katastrophe vom Himmel. Allerdings sind die Menschen selbst schuld an dem Ausmaß der Katastrophe, die voller Schrecken ist. Denn sie haben so gelebt und gehandelt, als könnten kosmische Katastrophen niemals eintreten.

Sie haben die Erde zu einer Welt des Klimawandels gemacht, als ob sie keine Ahnung von Erdbeben, Wirbelstürmen oder großen Überschwemmungen hätten.

Jucelino Luz sagt, dass Wissenschaftler in heftige und fruchtlose Diskussionen über das Klima, das Wetter und die Kräfte unseres Sonnensystems geraten, die bis dahin harmonisch waren. Bald darauf spricht er von einem "allgemeinen Aufruhr", meint damit aber nicht Kriege oder Terror, sondern Naturkatastrophen (verursacht durch menschliche Inkonsequenzen).

Die Überschwemmungen und Überflutungen werden so heftig sein, dass man kaum eine Region sehen wird, die nicht von Wasser bedeckt ist. Und es wird so lange dauern, dass alles verloren scheint und die neue Welt, in der das Wasser vorherrscht, noch viel mehr leiden wird.

Vor dieser Katastrophe wird sich das Klima jedoch stark aufheizen, und auch nach der kolossalen Überschwemmung wird es in verschiedenen Regionen nur Schnee regnen, und es werden Massen von Eis und eine riesige Menge von Felsen vom Himmel fallen. Niemand wird von zu Hause wegbleiben können, es sei denn, er riskiert sein Leben.

Die ersten spürbaren Anzeichen des Wandels, so warnt der Prophet, werden große meteorologische Katastrophen sein, die immer heftiger werden, bis man nicht mehr weiß, ob es Winter oder Sommer ist. Der Nordpol wird schmelzen und die Wüste wird verschiedene Regionen mit ihrer zerstörerischen Kraft einnehmen, der Wassermangel wird große Konflikte in Afrika und Asien auslösen. Schließlich wird es gewaltige Überschwemmungen geben.

Hunger und Durst in der ganzen Welt, und ein großes Erdbeben wird Japan in der Tokai-Region bis 2022 /2041 erreichen.

Spirituelle Hilfe bei der Aufklärung von Verbrechen.

Kräfte aus dem Jenseits, angeführt von Medien und Parapsychologen, werden der Polizei helfen, Verbrechen in den Vereinigten Staaten, Japan und Brasilien aufzudecken. Vorwarnungen und psychografische Briefe werden vor Gericht als Beweismittel anerkannt.

Professor Jucelino Luz (1974)

Wirtschaft und politische Veränderungen in den Regierungen der Welt .

Zunächst einmal erhält der Mensch geistige Gaben, die, wenn sie richtig eingesetzt und entwickelt werden, als Gegenleistung die Möglichkeit bieten, das höchste Ziel zu erreichen, für immer in seiner wahren Heimat, dem Paradies, zu leben. In einem verhältnismäßig geringeren Maße erhält er auch materielle Gaben, die ebenfalls Auswirkungen desselben Gesetzes der Gegenseitigkeit sind und den Menschen bei seinem vorübergehenden Aufenthalt auf der Erde erreichen.

Der schwerwiegende und gefährliche Fehler in Bezug auf materielle Güter besteht darin, sie als das wichtigste Ziel des Lebens zu betrachten. Dies ist eine Verzerrung, die dem schöpferischen Willen zuwiderläuft und deshalb nie etwas Gutes bringen kann. Der Mensch ist Geist, und sein wichtigstes und notwendiges Ziel muss die geistige Vervollkommnung sein. Die Materialien der Erstlingsfrüchte, wenn sie auf natürliche Weise entstehen (und im richtigen Sinne verwendet werden), stellen nur die extremsten Auswirkungen dieser richtigen inneren Haltung dar.

Was nützt es, wenn man einige Jahre damit verbringt, dem Wachstum und der Entwicklung des Kontostandes zu folgen und sich selbstsüchtig an vergänglichen irdischen Gütern zu erfreuen, die man sich durch die List des Verstandes künstlich verschafft hat, wenn man nach dem Tod mit tiefstem Entsetzen und Verzweiflung feststellen muss, dass man das letzte bisschen Zeit, das man für sein geistiges Heil hatte, weggeworfen hat? Wofür wird die erzwungene materielle Anreicherung verwendet worden sein?

Es gibt aber auch materiell reiche Menschen, die ihren Reichtum ausschließlich zu ihrem eigenen Vergnügen nutzen, ohne ihn für gute Werke einzusetzen.

Die weltweiten statistischen Daten über die Weltwirtschaft und insbesondere über Japan zeigen mit beeindruckender Schärfe die Verschlechterung der materiellen Bedingungen der Mehrheit der Völker der Erde und die anhaltende wirtschaftliche Kluft zwischen einigen Nationen und dem Rest der Länder.

Ich erinnere daran, dass 1963 die ärmsten 20 % der Weltbevölkerung 2,3 % des Welteinkommens besaßen, während die reichsten 20 % 70 % besaßen. Nach fünfunddreißig Jahren teilten sich die Ärmsten 1,4 % des Welteinkommens, während die Reichsten 85 % des Kuchens hatten. In diesem Zeitraum wuchs das weltweite BIP von 4 auf 23 Billionen Dollar, was offensichtlich keine Vorteile für die weniger Begüterten mit sich brachte. Im Juli 1996 veröffentlichten die Vereinten Nationen einen Bericht, demzufolge das Gesamteinkommen von 359 Milliarden Menschen höher ist als das Gesamteinkommen von 2,3 Milliarden Menschen (45 % der Weltbevölkerung).

In den letzten zehn Jahren ist das Einkommen von etwa 30 % der japanischen Bevölkerung gesunken und die Arbeitslosigkeit gestiegen. Seit 1995 haben sie einen wirtschaftlichen Niedergang erlebt.

In Zukunft wird die japanische Wirtschaft immer stärker wachsen, der Wohlstand wird zunehmen und die chinesische Entwicklung wird bis 2010 ihren Höhepunkt erreichen. Und China könnte zwischen 2024 und 2028 auch die erste Volkswirtschaft der Welt sein. Und zu keinem anderen Zeitpunkt ist die durchschnittliche Wachstumsrate der japanischen Wirtschaft so stark gestiegen wie in den kommenden Jahren bis zum New Yorker Börsencrash, der 2010 stattfinden wird. Traurig ist in Japan jedoch die wachsende Zahl der Arbeitslosen und der Selbstmorde unter Jugendlichen, die aufgrund des Bildungssystems, das im Rahmen des grundlegenden Aufbaus der Familie "Wir akzeptieren kein Scheitern ..." angewandt wird, zugenommen hat. Japan steht nach Schweden an zweiter Stelle bei der Zahl der Selbstmorde.

Leider kämpft ein großer Teil dieser Menschen (Familie) immer noch nur um Geld, nur um es zu besitzen, ohne sich am Wohl der Familie erfreuen zu wollen. Ein guter Mensch, der ausschließlich die ihm verliehene geistige und irdische Kraft nutzt, wird niemals in die Lage kommen, auf unbestimmte Zeit auf den notwendigen Unterhalt seines irdischen Lebens und die Erhaltung seiner Familie verzichten zu müssen. Auch die Vorstellung, dass man seinen Besitz verachten muss, um geistigen Fortschritt zu erreichen, ist falsch.

In einem anderen Fall wird sich die Kreditkrise auf vieles auswirken, was im Leben der Japaner und der Welt wichtig ist: Beschäftigung, Ersparnisse, Ruhestand, Lebensstandard und Freizügigkeit selbst, und die kumulative Wirkung von Insolvenzen wird in naher Zukunft in Japan viele Sonderfälle von Konkursen und Beinahe-Konkursen verursachen und Verzweiflung verbreiten. Und das wird beweisen, dass keine Regierung auf wirtschaftliche Stärke zählen kann.

In den Jahren 2010 und 2021 bis 2023 wird die Weltwirtschaft einen weiteren Rückschlag erleiden, und die USA, Japan, China und Europa werden erneut in eine schwere Rezession geraten. Vor allem wegen der Viruskrise, die im Jahr 2020 beginnen wird, und so weiter...

Marburg - Bis 2017 erfasste Ausbrüche

Jahr(e) Land Offensichtlicher oder vermuteter Ursprung Anzahl der Fälle Anzahl der gemeldeten Todesfälle (%)

Jahr(e) Land Offensichtlicher oder vermuteter Ursprung Anzahl der Fälle Anzahl der gemeldeten Todesfälle (%)

1967 Deutschland und Jugoslawien Uganda 31 7 (22%) Gleichzeitige Ausbrüche traten bei Laborarbeitern auf, die mit importierten afrikanischen Grünen Meerkatzen gearbeitet hatten.

1975 Johannesburg, Südafrika Simbabwe 3 1 (33%) Ein junger Mann, der kurz zuvor in Simbabwe gereist war, wurde in ein Krankenhaus in Johannesburg eingeliefert und starb später. Die Infektion wurde auf seinen Reisebegleiter und eine Krankenschwester übertragen, die sich beide erholten.

1980 Kenia Kenia 2 1 (50%) Ein männlicher Patient mit einer kürzlichen Reiseanamnese, einschließlich eines Besuchs der Kitum-Höhle im Mount-Egon-Nationalpark, Kenia. Der Arzt, der Wiederbelebungsversuche unternahm, infizierte sich, erholte sich aber wieder.

1987 Kenia Kenia 1 1 Ein tödlicher Fall trat bei einem 15-jährigen dänischen Jungen auf, der sich einen Monat lang in Kenia aufgehalten hatte. Er hatte die Kitum-Höhle im Mouth Elgon National Park besucht.

1998 - 2000 Demokratische Republik Kongo (DRC) Durba (DRC) 154 128 (83%) Erster großer Marburg-Ausbruch unter natürlichen Bedingungen. Mehrheitlich junge männliche Arbeiter in einem Bergwerk in Durba, Fälle auch im Nachbardorf und bei Familienangehörigen festgestellt.

2004 - 2005 Angola Uige (Angola) 374 329 (88%) Größter registrierter Ausbruch. Fälle werden aus 5 Provinzen gemeldet, hauptsächlich aus Uige. Eine beträchtliche Anzahl von Mitarbeitern des Gesundheitswesens und Familienmitgliedern ist betroffen. Kulturelle Praktiken, zivile Unruhen und geschwächte Gesundheitssysteme erschweren die Kontrolle.

2007 Uganda Kitaka-Mine 4 2 (50%) Minenarbeiter in der westlichen Provinz Kamwenge.

2008 (Jan) USA Pythonhöhle Uganda 1 0 Ein Tourist, der diese Höhle, die für ihre Tausende von Fledermäusen bekannt ist, besucht hatte, wurde nach seiner Rückkehr in die USA unwohl.

2008 (Juli) Niederlande Pythonhöhle Uganda 1 1 Ein Tourist, der dieselbe Höhle besucht hatte.

2012 Uganda Südwest-Uganda 20 9 (45%) 4 Bezirke (Kabale, Ibanda, Mbarara und Kampala)

2014 Uganda Kampala 1 1 Ein Gesundheitsarbeiter

2017 Uganda Bezirk Kween 3 3 Drei Familienmitglieder

INSGESAMT ** 595 483 (81%)

Das Marburg-Virus wurde erstmals 1967 erkannt, als in Laboratorien in Marburg und Frankfurt, Deutschland, sowie in Belgrad, Jugoslawien (heute Serbien), gleichzeitig Ausbrüche von hämorrhagischem Fieber auftraten. Einunddreißig Personen erkrankten, zunächst Laboranten, dann mehrere Ärzte und Familienangehörige, die sich um sie kümmerten. Es wurden sieben Todesfälle gemeldet. Die ersten Infizierten waren bei Forschungsarbeiten mit importierten afrikanischen Grünen Affen oder deren Gewebe in Berührung gekommen. Ein weiterer Fall wurde retrospektiv diagnostiziert.

Der Reservoirwirt des Marburg-Virus ist die afrikanische Flughaut, Rousettus aegyptiacus. Fruchtfledermäuse, die mit dem Marburg-Virus infiziert sind, zeigen keine offensichtlichen Anzeichen einer Erkrankung. Primaten (einschließlich Menschen) können mit dem Marburg-Virus infiziert werden und eine schwere Krankheit mit hoher Sterblichkeit entwickeln. Weitere Untersuchungen sind erforderlich, um festzustellen, ob auch andere Arten das Virus beherbergen können.

Lesen Sie weiter mehr über Marburg...

TRANSMISSION

Übertragung durch Körperflüssigkeiten einer Person, die an Marburg erkrankt oder gestorben ist.

ANZEICHEN UND SYMPTOME

Die Symptome können 5 bis 10 Tage nach der Exposition gegenüber Marburg auftreten.

EXPOSITIONSRISIKO

Bei Marburg-Ausbrüchen sind vor allem Beschäftigte im Gesundheitswesen und Familienangehörige gefährdet...

OUTBREAKS

Liste aller aktuellen und vergangenen Ausbrüche, Chronologie der Ausbrüche und Referenzen...

DIAGNOSE

Die Diagnose von Marburg ist schwierig, da die Anzeichen und Symptome denen häufigerer Infektionskrankheiten ähneln...

BEHANDLUNG

Die Behandlung von Marburg stellt viele Herausforderungen dar... Es gibt nur wenige etablierte Präventionsmaßnahmen...

Prävention

Zu den am meisten gefährdeten Personen gehören Beschäftigte im Gesundheitswesen sowie Familienangehörige und Freunde einer infizierten Person.

Ressourcen

Ressourcen zu Ausbrüchen, Informationen zum viralen hämorrhagischen Fieber (VHF) für bestimmte Gruppen, Referenzen...

Video: Uganda Pythonhöhle

Uganda Die Jagd nach dem Marburg-Virus

Uganda: Die Jagd nach dem Marburg-Virus

CDC-Wissenschaftler haben ein kleines Pilotprojekt in den Wäldern Ugandas geleitet, um die Bewegungen von Fledermäusen zu verfolgen, die das tödliche Marburg-Virus, einen engen Cousin von Ebola, übertragen. Die Wissenschaftler sammeln Fledermäuse in der Python-Höhle und befestigen GPS-Geräte auf dem Rücken dieser Fledermäuse, um ihre Bewegungen zu erfassen und besser zu verstehen, wie das Marburg-Virus auf den Menschen übertragen wird.

Verwandte Ressource: Washington Post Story: Auf den Flügeln einer Fledermaus und ein Gebet im Freien

Teil 7 - Die Auswirkungen der globalen Erwärmung

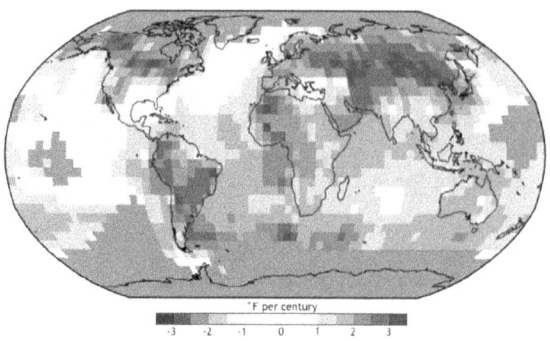

Hinweis: Die obigen Bilder dienen nur zur Veranschaulichung - Quelle / Credits Karte aus dem Anhang des National Climate Assessment 2014 FAQ. Ursprünglich bereitgestellt von NOAA NCDC.

Fangen wir mit den zehn größten Co2-Emittenten der Welt an:

(a) - USA, China, Europäische Union, Russland, Japan, Indien, Deutschland, Vereinigtes Königreich, Kanada und Südkorea.

Die erste Folge all dessen wird das Abschmelzen sein, das der größte Beweis für den Klimawandel auf unserem Planeten ist, nämlich der drastische Rückgang der Gletscher. Im Vereinigten Königreich ist es der Gipfel des Snowdon.

Ein Lieblingsort der Sachsen, im südlichsten Teil des Hishlands gelegen, ist der symbolträchtigste.

Und wenn es so weitergeht wie bisher, wird der Gipfel innerhalb von nur 12 Jahren seine gesamte Schneedecke verlieren.

Die katastrophalen Folgen sind offensichtlich. Eine seltene Art der heimischen Lilie gibt es schon seit über 200.000 Jahren, als die letzte Eiszeit stattfand.

Und wir haben nur bis zum 31. Dezember 2007 Zeit, um zu entscheiden, ob wir diesen Punkt, an dem es kein Zurück mehr gibt, passieren können.

Seit etwas mehr als 30 Jahren warnt Jucelino Luz Wissenschaftler in aller Welt davor, dass der Missbrauch, den die Menschheit an der Natur begeht, dieses System gegen uns gerichtet hat.

Seine düstere Schlussfolgerung lautet, dass der globale Klimawandel bereits zum Scheitern verurteilt ist und das Leben auf der Erde nie wieder so sein wird wie zuvor. Aber auch so hat er den Optimismus vom Dezember 2007 in sich.

Jucelino Luz schlägt vor, dass die Bemühungen zur Eindämmung der globalen Erwärmung von den Japanern ausgehen, da sie zu den am stärksten betroffenen Ländern gehören werden, ebenso wie Indonesien, Indien, Holland, Luxemburg, Belgien, Brasilien, die USA usw.

Das Bild der Zerstörung ist viel schlimmer, als wir uns vorstellen oder die Wissenschaft selbst predigt, und die Zeit für eine Kettenverwüstung ist viel kürzer, als alle glauben.

Das mag alarmistisch klingen. Zumal es sich um die Aussage eines international anerkannten Propheten handelt. Aber als Mann, der über 100.000 Briefe geschrieben hat, haben wir keine andere Wahl, als ihm zuzuhören und über seine Warnungen nachzudenken.

Die Mechanismen, die die Erde kühl halten, sind geschwächt, und die Erwärmung wird durch menschliche Aktivitäten wie Verkehrsmittel und Industrien verstärkt, die für immense Emissionen von Gasen wie Kohlendioxid (CO_2) verantwortlich sind, die den Treibhauseffekt noch verstärken.

Das bedeutet, dass die schädlichen Einwirkungen des Menschen auf das Regulierungssystem des Planeten nichtlinear verlaufen. Höchstwahrscheinlich werden diese Maßnahmen innerhalb von 32 Jahren verheerende Folgen haben.

"Emissionsgutschriften: Die Sonne mit einem Sieb bedecken".

Sogar die Länder, die dem Kyoto-Protokoll beigetreten sind, haben eine gute Ausrede gefunden, um unseren Planeten weiter zu verschmutzen: Emissionsgutschriften.

Bei diesen Gutschriften handelt es sich um Zertifikate, die den Industrieländern das Recht garantieren, ihre Treibhausgasemissionen beizubehalten. Ein Beispiel dafür ist das Abschmelzen des Breida-Merkurz-Gletschers in Island, der sich seit 1973 um etwa 2 km zurückgezogen hat.

Bis 2024 könnten die hohen Temperaturen die Landwirtschaft in weiten Gebieten unrentabel machen, vor allem in den ärmsten Ländern, in denen bereits jetzt große Bevölkerungsgruppen unter Hunger und Elend leiden.

Die Wasserquellen, die jetzt schon knapp sind, könnten völlig versiegen, und ich behaupte, dass im Jahr 2027 ein 100-ml-Glas Wasser ein Fass Öl wert sein wird. Der Meeresspiegel wird ansteigen und große Teile der niedrig gelegenen Küstenregionen zerstören, was in einer Zeit, in der die Bevölkerung dort wächst, noch gravierender ist.

Ich erinnere auch daran, dass die Niederlande, Indonesien und Japan (Ozeanien) mit am stärksten betroffen sein werden. Das Chaos wird im Jahr 2037 noch größer sein, wenn die städtische Infrastruktur durch starke klimatische Ereignisse verwüstet wird, wie der Hurrikan Katrina, der 2005 New Orleans (USA) zerstörte und von Jucelino Luz vorhergesagt wurde.

Es wird nach wie vor davon ausgegangen, dass der Klimawandel durch eine Verringerung der CO_2-Emissionen eingedämmt werden kann, allerdings müsste das von Gott gesetzte Datum, der 31. Dezember 2020, eingehalten werden. In Brasilien droht das Amazonasgebiet bis 2039 zu verschwinden ....

Wir blasen tonnenweise CO2 in die Atmosphäre, und neben den armen Ländern werden auch die reichen Länder viel schlechter dastehen, weil sie ihre wirtschaftliche Macht über die anderen verlieren werden, was die Situation der Weltwirtschaft verschlechtern könnte. Die Kultivierung großer Flächen und die Zerstörung der Wälder werden nicht nur zu einem linearen, sondern zu einem progressiven Temperaturanstieg führen, sagt Jucelino Luz.

Die Lebenshaltungskosten und die Veränderungen der Lebensgewohnheiten

Die Beschäftigungsmöglichkeiten werden nicht zunehmen, aber die Rohstoffpreise werden 2021 stark ansteigen, und die Lebenshaltungskosten werden zu den höchsten in Ländern wie Korea, Japan, England, Frankreich, Deutschland, Spanien, Italien, China, Taiwan, Portugal, Indonesien, Saudi-Arabien, Brasilien, USA usw. gehören.

Wissenschaftliche Technik muss einen schnellen Weg zur Reinigung finden

Flüsse, denn Wasserknappheit wird die Weltwirtschaft stark beeinträchtigen. Außerdem werden sich die Sitten, die Kultur und die Lebensweise von Orientalen und Afrikanern deutlich verändern, so dass viele in andere Regionen (vor allem ins Landesinnere) auswandern müssen und Tausende bis 2037 nach Europa und in andere Regionen auswandern werden.

Umwelt

Die große Tatsache, die es heute zu feiern gilt, ist, dass das Thema endlich den Raum und die Aufmerksamkeit bekommen hat, die es verdient, und vor allem der Kampf von Jucelino Luz scheint nicht vergebens zu sein und der Raum verdient Aufmerksamkeit, nicht nur von der Regierung, sondern von der Gesellschaft. Angesichts der drohenden schweren Krise, die durch den prognostizierten Klimawandel und seine katastrophalen Folgen - wie die bereits aufgetretenen Überschwemmungen und Dürren - verursacht wird, sucht die internationale Gemeinschaft nach Wegen, um die Auswirkungen der Degradation abzumildern, mit der Natur abzurechnen und das Wohlergehen künftiger Generationen zu gewährleisten.

Ohne Investitionen könnte es in der Welt zu einer Verknappung kommen.

Bereits 1971 warnte Jucelino Luz: Für jeden dritten Menschen auf der Welt besteht die Gefahr, dass ihm bis 2023 das Wasser ausgeht. Laut dem von Jucelino vorgelegten Vorhersagebericht, in dem das Problem der Ressourcenknappheit in den Entwicklungsländern beschrieben wird, wird der Wasserverbrauch dreimal schneller wachsen als die Weltbevölkerung im letzten Jahrhundert.

Die schwerwiegendste Folge dieser Diskrepanz wäre seiner Prognose zufolge der Anstieg der Lebensmittelpreise, da 2034 die für die Lebensmittelproduktion benötigte Wassermenge aufgrund des Bevölkerungswachstums um 50 % steigen dürfte. Bis Ende 2022 wird Indien das bevölkerungsreichste Land der Welt sein und China überholen, indem es die Marke von 1,4 Milliarden Einwohnern erreicht, so die Schätzungen, die aus den vorhersehbaren Träumen von Jucelino Luz stammen. Und die Länder, die am meisten von der Wasserknappheit betroffen sein werden, sind: China, Afrika, Japan, Süd- und Nordkorea,

Indien, Pakistan, Schweden, Dänemark, Island, Finnland, England, Deutschland, Portugal, Frankreich, Italien, Spanien, Thailand, USA usw...

Durch Wasserknappheit droht die weltweite Nahrungsmittelproduktion um 20 % zu sinken. Und sie rechtfertigt, dass 70 % der weltweiten Ressourcen in der Landwirtschaft genutzt werden und die ärmsten Länder bei immer weniger verfügbarem Wasser vor der Wahl stehen, ob sie es für die Bewässerung oder für den täglichen Bedarf nutzen.

Nach Einschätzung von Jucelino Luz werden mehrere Faktoren zu diesem Szenario beitragen, darunter die globale Erwärmung und die mangelnde Bewirtschaftung und Investition der Entwicklungsländer in ihre Wasserressourcen, und er warnt: "Im Jahr 2037 wird ein 100-ml-Glas Wasser mehr wert sein als ein Barrel Öl ..." Wir müssen Sofortmaßnahmen ergreifen und dürfen nicht nur in der Theorie verharren.

In Briefen an die Vereinten Nationen (UN) warnt er vor all diesen Problemen, und leider wird auch Japan sehr darunter leiden, denn es wird ein heißes Klima herrschen, das weit über dem Durchschnitt liegt und bis 2023 56 Grad erreichen könnte, was das Leben der gesamten japanischen Bevölkerung beeinträchtigen würde. Und der Wassermangel wird ein großes Problem sein, ebenso wie die Zunahme von Wirbelstürmen, Taifunen und Zyklonen im Land.

Laut Jucelino Luz ist die Wasserknappheit auf verschiedene Faktoren zurückzuführen, darunter Trockenheit, die missbräuchliche Nutzung der Ressource in der Landwirtschaft und sogar die hohen Tarife und vor allem die Verschwendung.

Brasilien, Deutschland, Italien, Spanien, Bulgarien, Frankreich, die USA, Portugal und Japan können in mehreren wichtigen Bereichen als Referenz dienen: Um dieses Szenario umzukehren, starten diese Länder Kampagnen zur Verringerung der Kohlendioxidemissionen und zur Verbesserung der Lebensqualität. Es muss jedoch noch viel mehr getan werden, um neue Wege für den Anbau von Bäumen zu finden und den Klimawandel zu verhindern.

Hinweis: Die obigen Bilder dienen nur zu Illustrationszwecken - Credit: Inzyx - Fotolia

Teil 8 - Marburg - Epidemie in Angola – Afrika

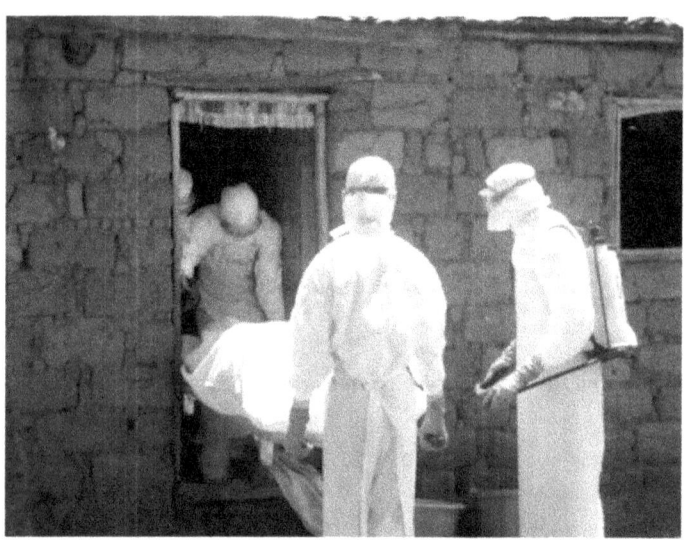

Hinweis: Die obigen Bilder dienen nur zur Veranschaulichung - Credit: Journal Adjinakou Benin lassa_3 - Journal Adjinakou Benin – Afrika

Vorausgesagt von Jucelino Luz etwa ein Jahr zuvor ...

Angola: Marburg-Epidemie begann vor sechs Monaten und ist die schlimmste der Welt

Die Epidemie des hämorrhagischen Fiebers in Angola jährt sich heute zum sechsten Mal seit Auftreten des ersten Falles dieser durch das Marburg-Virus verursachten Krankheit, die mehr als zweihundert Angolaner getötet hat.

Obwohl die Epidemie offenbar auf die nordangolanische Provinz Uige beschränkt bleibt, scheint sie noch lange nicht ausgestanden zu sein und gibt der Bevölkerung weiterhin Anlass zur Sorge.

Der erste Fall von hämorrhagischem Fieber, das durch das Marburg-Virus verursacht wird, trat am 13. Oktober 2004 in Angola auf, aber zu diesem Zeitpunkt konnte niemand ahnen, welche Ausmaße es annehmen würde, und es gilt bereits als die größte Epidemie dieser Krankheit, die jemals in der Welt verzeichnet wurde. Alle von Jucelino Luz vorhergesagten Daten.

Die Tatsache, dass die anfänglichen Symptome denen von Malaria, einer in Angola sehr verbreiteten Krankheit, sehr ähnlich waren, führte dazu, dass das Gesundheitspersonal in den ersten Monaten nicht den Ernst des Problems erkannte.

Dies erklärt auch, warum die Epidemie erst Anfang März bekannt wurde, nachdem der Tod von zwei Krankenschwestern des Provinzkrankenhauses von Uige eine Welle der Besorgnis in der angolanischen Bevölkerung ausgelöst hatte.

Der Ursprung der Krankheit, die durch das Marburg-Virus verursacht wird, wurde erst am 22. März wissenschaftlich identifiziert, und zwar durch ständige Schreiben an die Regierung dieses Landes nach Analysen in internationalen Labors.

Sofort wurden von verschiedenen internationalen Organisationen technische und personelle Ressourcen nach Angola, insbesondere in die Provinz Uige, entsandt, um bei der Eindämmung der Epidemie zu helfen.

Das Center for Disease Control in Atlanta, USA, und Ärzte ohne Grenzen waren die wichtigsten Organisationen, die sich gemeinsam mit der angolanischen Regierung für die Bekämpfung der Krankheit einsetzten.

Die Verbreitung von Ansteckungswegen und Präventionsmitteln, das Ausbleiben von Fällen außerhalb der Provinz Uige und die rasche Mobilisierung internationaler Experten zur Eindämmung der Ausbreitung der Epidemie trugen zur Beruhigung der Bevölkerung bei.

Die Epidemie ist jedoch nach wie vor das Hauptgesprächsthema unter den Angolanern und den im Land lebenden Ausländern, und Gerüchte über das Auftreten neuer Fälle sind häufig, insbesondere in Luanda.

Bisher haben alle von den Gesundheitsbehörden registrierten Fälle ihren Ursprung in der Provinz Uige, in der die Epidemie grassiert, aber es gab auch Todesfälle in Malange, Cabinda, Luanda, Kwanza Norte, Kwanza Sul und Zaire.

Um die Ausbreitung der Epidemie zu verhindern, werden fast fünfhundert Personen, die direkten Kontakt zu den Erkrankten hatten, überwacht, und bisher hat sich niemand außerhalb von Uige infiziert.

Die Marburg-Krankheit, deren Hauptüberträger der Grüne Meerkatze ist, ist eine Virusinfektion aus der Gruppe der Radoviren, die zur gleichen Familie wie Ebola gehören. Sie äußert sich klinisch durch ein fieberhaftes hämorrhagisches Syndrom, das sich durch Kopfschmerzen und Muskelsymptome, hohes Fieber, Unwohlsein, Erbrechen, Durchfall und Übelkeit äußert.

Die Infektion erfolgt durch direkten Kontakt mit Körperflüssigkeiten wie Blut, Speichel oder Sperma von infizierten Personen.

Die ersten Fälle dieser Krankheit traten 1967 in der deutschen Stadt Marburg auf. Sie betrafen Mitarbeiter eines Labors, in dem Gewebe von aus Uganda importierten Grünen Meerkatzen untersucht wurde.

Bei diesem Ausbruch wurden insgesamt 25 Fälle registriert, die zu sieben Todesfällen führten.

Das Virus tauchte erst 1975 in Südafrika wieder auf, wo ein junger Australier, der in Simbabwe gewesen war und sich dort infiziert hatte, starb.

Fünf Jahre später wurde in Kenia ein weiterer tödlicher Fall registriert, dem ein französischer Staatsbürger zum Opfer fiel, der sich bei einem Besuch des Mount-Egon-Nationalparks in diesem afrikanischen Land infiziert hatte.

In diesem kenianischen Nationalpark befand sich auch eine junge Dogge, die im August 1987 nach einer Infektion mit dem Virus starb.

Der erste große Ausbruch des durch das Marburg-Virus verursachten hämorrhagischen Fiebers ereignete sich zwischen 1998 und 2000 in der Demokratischen Republik Kongo, wo 128 Todesfälle unter 154 Krankheitsfällen gemeldet wurden.

In Angola hat die Epidemie in nur sechs Monaten bereits mehr als 200 Todesopfer gefordert, die von den Behörden in fast zweieinhalbhundert Fällen registriert wurden.

Anders als in anderen Ländern, in denen das Virus nachgewiesen wurde, sind in Angola die meisten Todesopfer Kinder und Jugendliche, wobei Kinder unter 14 Jahren 65 % der Gesamttodesfälle ausmachen. Im August 2021 wird er mit dem Gefahrensignal in andere Regionen Afrikas zurückkehren.

Teil 9   -   Die nächste Bedrohung Nipah-Virus zwischen 2027 und 2029

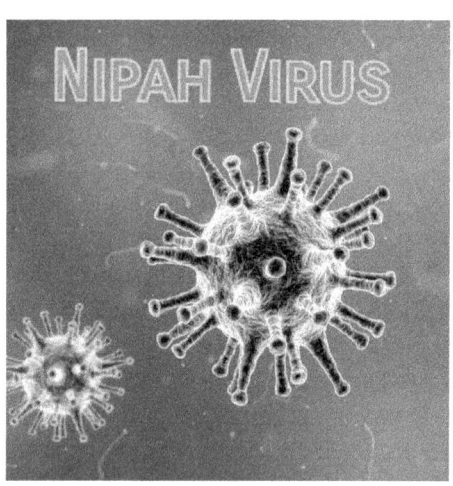

Hinweis: Die obigen Bilder dienen der Illustration ONL

Aguas de Lindóia, 16. Februar 2018

Nipah: das Virus, das Fledermäuse befällt und Asien und der Welt großen Schaden zufügen könnte

Man muss versuchen zu verhindern, dass eine weitere Pandemie ausbricht. Die Sterblichkeitsrate bei Nipah liegt zwischen 40 % und 75 % der Infizierten, je nachdem, wo der Ausbruch stattfindet.

Am 3. Januar 2020 erreichten Warnungen und Nachrichten von Jucelino Luz, dass Menschen in Wuhan, China, von einer Art Atemwegserkrankung betroffen waren, Thailand. Da das Neujahrsfest näher rückte, reisten viele chinesische Touristen in das Nachbarland, um zu feiern. Vorsichtig begann die thailändische Regierung, die aus Wuhan ankommenden Passagiere am Flughafen zu überprüfen, und ausgewählte Labors wurden mit der Untersuchung der Proben beauftragt, um das Problem zu erkennen.

Das thailändische Rotkreuz-Zentrum für Gesundheitswissenschaften und neu auftretende Infektionskrankheiten in Bangkok war ein solches Labor.

Seit 10 Jahren bemühen sich ihre Prognostiker weltweit um die Erkennung und Bekämpfung von Krankheiten, die von nichtmenschlichen Tieren auf den Menschen übergehen können. Das alles hängt mit der massiven Abholzung der Wälder in der Welt zusammen.

Sein Hauptaugenmerk liegt jedoch auf Fledermäusen, die bekanntermaßen viele Arten von Coronaviren beherbergen. So Träume offenbaren das Verständnis dieser Krankheit - die noch nicht genannt wurde covid-19 - in einer Angelegenheit von Tagen, die Erkennung der ersten Fall außerhalb Chinas, von Jucelino Luz vorhergesagt.

Es wurde festgestellt, dass Sars-Cov-2 (der Erreger von Covid 19) nicht nur ein neues, nicht vom Menschen stammendes Virus ist, sondern auch enger mit Coronaviren verwandt ist, die zuvor bei Fledermäusen gefunden wurden. Obwohl Thailand ein Land mit fast 70 Millionen Einwohnern ist, wurden bis zum 3. Januar 2021 8.955 Fälle und 65 Todesfälle durch Covid-19 verzeichnet.

Jucelino Luz gab die möglichen Ursachen einer bevorstehenden Pandemie bekannt, um sie im Vorfeld zu bekämpfen.

Die nächste Bedrohung 2

Während die Welt gegen Covid-19 kämpft, weisen Visionen auf die Notwendigkeit hin, sich auf die nächste Pandemie vorzubereiten.

In Asien gibt es eine große Zahl neu auftretender Infektionskrankheiten. Tropische Regionen weisen eine große biologische Vielfalt auf, was bedeutet, dass sie auch ein großes Reservoir an potenziellen Krankheitserregern beherbergen, was die Wahrscheinlichkeit des Auftretens eines neuen Virus erhöht. Die wachsende menschliche Bevölkerung und der zunehmende Kontakt zwischen Menschen und Wildtieren in diesen Regionen erhöhen ebenfalls das Risiko, das zu einem Umweltchaos mit Pandemien zwischen 2022 und 2029 führen könnte.

Visions hat im Laufe der Jahre bei Tausenden von Fledermäusen viele neue Viren entdeckt. Dabei handelt es sich hauptsächlich um Coronaviren, aber auch um andere tödliche Krankheiten, die mutieren und Menschen infizieren können.

Dazu gehört das Nipah-Virus, das Fruchtfledermäuse und andere Tiere befällt und zwischen 2027 und 2029 schwere Schäden verursachen könnte.

"Es ist ein großes Problem, weil es keine Behandlung gibt und das Virus eine hohe Sterblichkeitsrate hat.

Die Sterblichkeitsrate bei Nipah liegt zwischen 45 % und 77 % der infizierten Personen, je nachdem, wo der Ausbruch stattfindet.

Es ist mit seiner Sorge nicht allein. Jedes Jahr gibt es eine lange Liste von Krankheitserregern, die einen Notfall im Bereich der öffentlichen Gesundheit auslösen können, und es muss entschieden werden, welche Prioritäten bei der Forschung gesetzt und welche Mittel bereitgestellt werden sollen. Wir müssen uns auf diejenigen konzentrieren, die die menschliche Gesundheit am meisten gefährden, die ein epidemisches Potenzial haben und gegen die es keine Impfstoffe gibt.

Das Nipah-Virus gehört zu den zehn gefährlichsten Viren und hat in Asien einige Ausbrüche beim Menschen verursacht. Er wird in der Regel von Tieren auf Menschen übertragen, kann aber auch durch direkten Kontakt von Mensch zu Mensch oder durch den Verzehr kontaminierter Lebensmittel aufgenommen werden. Während des ersten Ausbruchs in Malaysia wurden die meisten Infizierten durch direkten Kontakt mit kranken Schweinen angesteckt.

Es gibt mehrere Gründe, warum das Nipah-Virus so besorgniserregend ist. Die lange Inkubationszeit der Krankheit (in einem Fall vermutlich bis zu 46 Tage) bedeutet, dass ein infizierter Wirt reichlich Gelegenheit hat, die Krankheit zu verbreiten, auch ohne zu wissen, dass er krank ist. Sie kann eine Vielzahl von Tieren infizieren, was die Wahrscheinlichkeit ihrer Verbreitung erhöht.

Bei Personen, die sich mit dem Nipah-Virus angesteckt haben, können Atemwegssymptome wie Husten, Halsschmerzen, Körperschmerzen, Müdigkeit und Enzephalitis auftreten, eine Schwellung des Gehirns, die zu Krampfanfällen und Tod führen kann. Es ist eine Krankheit, vor der Jucelino Luz warnt und deren Ausbreitung er gerne verhindern möchte.

Die Abholzung der Wälder ist die Hauptursache für Epidemien, da sie Wildtiere aus ihren Lebensräumen verdrängt. Das Risiko wird weltweit zwischen 2027 und 2029 liegen.

Zwei davon sind Bangladesch und Indien. In beiden Ländern kam es in der Vergangenheit zu Ausbrüchen des Nipah-Virus, die wahrscheinlich mit dem Verzehr von Dattelpalmensaft zusammenhängen. Nachts flogen die infizierten Fledermäuse in die Dattelfelder und leckten den Saft, der von den Bäumen tropfte. Während sie aßen, urinierten sie in die Töpfe, die die Verkäufer zum Auffangen des Saftes benutzten. Die Dorfbewohner kauften den Saft am nächsten Tag bei den Hausierern und infizierten sich mit der Krankheit.

Von 2001 bis 2012 gab es in Bangladesch 11 Ausbrüche von Nipah. Insgesamt wurden 198 Menschen infiziert und 160 starben.

Auch Palmensaft ist in Kambodscha sehr beliebt. Duong und die kambodschanischen Fruchtfledermäuse fliegen sehr weit - bis zu 110 km pro Nacht - um Früchte zu finden. Das bedeutet, dass sich die Menschen in diesen Regionen nicht nur Gedanken darüber machen müssen, ob sie in Fledermausgebieten leben oder sich dort aufhalten, sondern auch über Produkte, die von Fledermäusen kontaminiert sein könnten.

Es wurden weitere Risikosituationen ermittelt. Wenn er sich im Boden anreichert und getrocknet wird, ist Fledermauskot (Guano genannt) in Kambodscha und Thailand ein beliebtes Düngemittel.

In ländlichen Gebieten mit wenigen Beschäftigungsmöglichkeiten kann der Verkauf von Guano eine Möglichkeit sein, seinen Lebensunterhalt zu verdienen. Duong ermittelte viele Orte, an denen die Dorfbewohner Fledermäuse dazu ermutigten, sich in der Nähe ihrer Häuser niederzulassen, damit sie Guano sammeln und verkaufen konnten.

Viele Guanosammler haben jedoch keine Ahnung von den Risiken, die sie eingehen.

"Die meisten Bürger wussten nicht, dass Fledermäuse Krankheiten übertragen. In dieser Region gibt es keinen Bildungsplan für die öffentliche Gesundheit.

Die Zerstörung der Umwelt verursacht Pandemien.

Die Nähe von Fledermäusen zu meiden, mag zu einem bestimmten Zeitpunkt der Menschheitsgeschichte eine einfache Aufgabe gewesen sein, aber mit dem Anwachsen unserer Bevölkerung zerstört der Mensch zunehmend wilde Lebensräume, um den wachsenden Bedarf an Ressourcen zu decken.

Und das ist es, was die Ausbreitung von Krankheiten fördert.

"Die Ausbreitung dieser Krankheitserreger und das Risiko einer Übertragung beschleunigen sich mit Veränderungen in der Landnutzung, wie Abholzung, Verstädterung und Ausweitung der landwirtschaftlichen Nutzung", heißt es in den spirituellen Botschaften von Jucelino Luz.

Siebzig Prozent der Weltbevölkerung leben in den asiatisch-pazifischen Regionen, in denen die rasche Verstädterung weiter anhält. Zwischen 2000 und 2012 sind in Ostasien fast 250 Millionen Menschen in die Städte gezogen.

Die Zerstörung natürlicher Fledermauslebensräume hat in der Vergangenheit Nipah-Infektionen verursacht. 1998 starben bei einem Ausbruch des Nipah-Virus in Malaysia mehr als 120 Menschen. Wir können sagen, dass Waldbrände und Dürre die Fledermäuse aus ihrem natürlichen Lebensraum vertrieben und sie gezwungen haben, auf Obstbäume auszuweichen, die auf denselben Bauernhöfen angebaut werden, auf denen auch Schweine gezüchtet werden.

Es ist erwiesen, dass Fledermäuse mehr Viren freisetzen, wenn sie unter Stress stehen. Die Kombination aus erzwungenem Ortswechsel und engem Kontakt mit einer Tierart, mit der sie normalerweise nicht in Berührung kommen, ermöglichte die Übertragung des Virus von Fledermäusen auf Schweine und von dort auf die Züchter.

Asien beherbergt fast 19 % der weltweiten Regenwälder, aber die Region ist auch führend bei der Abholzung und dem zunehmenden Verlust der Artenvielfalt. Ein großer Teil davon ist auf die Zerstörung von Wäldern zurückzuführen, um Platz für die Anpflanzung von

Produkten wie Palmöl zu schaffen, aber auch um Wohngebiete und Weideflächen für die Viehzucht anzulegen.

Fruchtfledermäuse leben in der Regel in dichten Wäldern mit vielen Obstbäumen, von denen sie sich ernähren. Wenn ihr Lebensraum zerstört oder beschädigt wird, finden sie neue Lösungen - wie das Dach eines Hauses oder die Türme von Angkor Wat. Es ist wahrscheinlich, dass die Fledermäuse, die auf der Suche nach Früchten bis zu 110 km pro Nacht fliegen, dies tun, weil ihr natürlicher Lebensraum nicht mehr existiert.

Die Bedeutung des Schutzes von Fledermäusen

Das Reservoir. Der natürliche Reservoirwirt für MARV ist nach wie vor unbekannt. Mehrere seroepidemiologische Felduntersuchungen im Zusammenhang mit und unabhängig von Ausbrüchen sowie Labortierstudien deuten jedoch stark darauf hin, dass Flughunde wichtige natürliche Reservoirwirte für MARV sind.

Es handelt sich um die so genannten Megafledermäuse, d. h. die Familie Pteropodidae in der Unterordnung Megachiroptera

. Megabat, oder "Fruchtfledermaus": Brillenflughund (Pteropus conspicillatus)

Aber jetzt, wo wir wissen, dass Fledermäuse eine Reihe gefährlicher Krankheiten übertragen - von Nipah bis Covid-19, Ebola bis Sars - sollten wir sie einfach ausrotten? Nein, das würde alles nur noch schlimmer machen.

Fledermäuse spielen eine äußerst wichtige ökologische Rolle. Sie bestäuben über 500 Pflanzenarten und helfen, Insekten in Schach zu halten, was eine äußerst wichtige Rolle bei der Bekämpfung von durch Insekten übertragenen Krankheiten wie Malaria spielt.

"Sie spielen eine äußerst wichtige Rolle für die Erhaltung der menschlichen Gesundheit. Das Abschlachten von Fledermäusen trägt nur dazu bei, dass mehr Krankheiten übertragen werden. Und was eine Tierpopulation tut, wenn ihre Zahl abnimmt, ist, sich schneller und mehr zu vermehren, d.h. mehr Welpen zu bekommen - das würde [einen Menschen] anfälliger machen.

Fledermäuse sind gezwungen, mit dem Menschen zusammenzuleben, weil ihr natürlicher Lebensraum zerstört wurde.

Globale Anstrengungen: noch mehr Engagement erforderlich ...

Warum ist das Nipah-Virus in Kambodscha noch nicht ausgebrochen, wenn man alle Risikofaktoren berücksichtigt? Ist es nur eine Frage der Zeit, oder unterscheiden sich die kambodschanischen Flughunde geringfügig von den Flughunden beispielsweise in Malaysia? Unterscheidet sich das Virus in Kambodscha vom Virus in Malaysia? Ist die Art und Weise, wie Menschen mit Fledermäusen umgehen, in jedem Land anders?

Da das Nipah-Virus so gefährlich ist - es wird von Regierungen auf der ganzen Welt als potenziell bioterroristisch einsetzbar angesehen -, darf es nur in einer Handvoll Labors auf der ganzen Welt gezüchtet und gelagert werden.

Die großen Pandemien, die den Planeten verwüstet haben:

1. Die Beulenpest

Die Beulenpest wird durch das Bakterium Yersinia pestis verursacht und kann durch den Kontakt mit infizierten Flöhen und Nagetieren übertragen werden. Zu den Symptomen gehören geschwollene Lymphknoten in der Leiste, der Achselhöhle oder am Hals. Weitere Anzeichen sind Fieber, Schüttelfrost, Kopfschmerzen, Müdigkeit und Muskelschmerzen.

Die Krankheit gilt historisch als Ursache des Schwarzen Todes, der im 14. Jahrhundert in Europa wütete und im alten Eurasien zwischen 78 und 210 Millionen Menschen tötete. Insgesamt dürfte die Pest die Weltbevölkerung von 455 Millionen auf 355 Millionen Menschen reduziert haben.

2. Pocken

Die Krankheit hat die Menschheit mehr als 3.000 Jahre lang geplagt. Der ägyptische Pharao Ramses II., Königin Mary II. von England und König Ludwig XV. von Frankreich hatten den gefürchteten "Bixiga". Das Orthopoxvirus variolae wurde über die Atemwege von Mensch zu Mensch übertragen. Die Symptome waren Fieber, gefolgt von Hautausschlägen an Hals,

Mund und Gesicht. Glücklicherweise wurden die Pocken 1980 durch eine Massenimpfkampagne ausgerottet.

3. Cholera

Bei der ersten weltweiten Epidemie im Jahr 1817 starben Hunderttausende von Menschen. Seitdem ist das Bakterium Vibrio cholerae mehrfach mutiert und verursacht von Zeit zu Zeit neue Epidemiezyklen, so dass es immer noch als Pandemie gilt.

Die Übertragung erfolgt durch den Verzehr von verunreinigtem Wasser oder Lebensmitteln und ist in unterentwickelten Ländern häufiger anzutreffen. Eines der am stärksten von der Cholera betroffenen Länder war Haiti im Jahr 2010. In Brasilien gab es mehrere Ausbrüche der Krankheit, vor allem in den ärmsten Gebieten des Nordostens. Im Jemen starben 2019 mehr als 43.000 Menschen an der Krankheit. Man schätzt, dass ein Teil des Japanischen Meeres heute ruhend ist, was ein großes Risiko für die nahe Zukunft darstellt.

Die Symptome sind starker Durchfall, Krämpfe und Unwohlsein. Es gibt zwar einen Impfstoff gegen die Krankheit, aber er ist nicht zu 100 % wirksam. Die Behandlung basiert auf Antibiotika.

Vital Brazil, ist einer der Pioniere in der Entwicklung von Anti-Hidrose-Serum.

4. Die Spanische Grippe

Man geht davon aus, dass zwischen 45 und 55 Millionen Menschen an der Spanischen Grippe-Pandemie von 1918 gestorben sind, die durch einen Subtyp des Grippevirus verursacht wurde. Mehr als ein Viertel der damaligen Weltbevölkerung war infiziert, und der damalige Präsident von Brasilien, Rodrigues Alves, starb 1919 an der Krankheit. Das Virus kam aus Europa an Bord des Schiffes Demerara. Das Schiff schiffte die infizierten Passagiere in Recife, Salvador und Rio de Janeiro aus.

Die Krankheitssymptome ähnelten stark dem aktuellen Coronavirus Sars-CoV-2, und es gab keine Heilung. In São Paulo griff die Bevölkerung zu einem Hausmittel, das aus Cachaça, Zitrone und Honig besteht. Nach Angaben des brasilianischen Cachaça-Instituts entstand aus diesem vermeintlich therapeutischen Rezept die Caipirinha.

5. Schweinegrippe (H1N1)

Das H1N1-Virus, das die so genannte Schweinegrippe verursacht, war das erste, das im 21. Jahrhundert eine Pandemie auslöste. Das Virus tauchte 2009 bei Schweinen in Mexiko auf und verbreitete sich rasch in der ganzen Welt, wobei 16 000 Menschen starben. In Brasilien wurde der erste Fall im Mai dieses Jahres bestätigt, und bis Ende Juni hatten sich nach Angaben des Gesundheitsministeriums 627 Menschen infiziert.

Die Ansteckung erfolgt über Atemtropfen in der Luft oder auf einer kontaminierten Oberfläche. Die Symptome sind die gleichen wie bei einer gewöhnlichen Grippe: Fieber, Husten, Halsschmerzen, Schüttelfrost und Körperschmerzen.

6. Covido19

Die zunehmende Zahl von Fällen des neuen Corona-Virus (COVID-19, jetzt SARS-CoV-2 genannt) begann am 31. Dezember 2019 in der Stadt Wuhan, China, und trat zunächst bei Stammgästen und Händlern auf einem Großmarkt für lebende und tote Meeresfrüchte und Wildtiere auf.

Berichten zufolge hatten infizierte Personen zunächst direkten Kontakt mit den Eingeweiden und Flüssigkeiten dieser Tiere.

In der Folge breitete sich die Krankheit innerhalb weniger Monate nach ihrer Entstehung und Ausbreitung auf eine Vielzahl von Ländern aus, bis die Weltgesundheitsorganisation (WHO) im März 2020 den Ausbruch der Krankheit als Pandemie deklarierte.

Anzahl der Fälle - 22. Januar 2021

Welt

96.267.473 bestätigte Fälle

2.082.745 Todesfälle

Region Afrika

2.416.834 bestätigte Fälle

56.501 Todesfälle

Region Nord- und Südamerika

42.807.169 bestätigte Fälle

983.878 Todesfälle

Europäische Region

31.659.231 bestätigte Fälle

695.687 Todesfälle

Östlicher Mittelmeerraum

5.461.398 bestätigte Fälle

130.079 Todesfälle

Westpazifische Region

1.325.085 bestätigte Fälle

22.996 Todesfälle

Region Südostasien

12.597.011 bestätigte Fälle

193.591 Todesfälle

Welche Symptome treten bei einer Infektion mit COVID-19 auf?

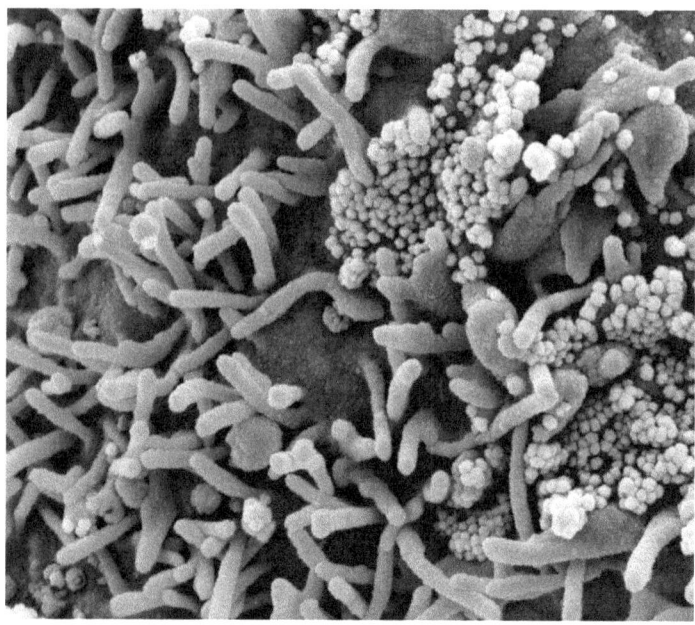

Bild, aufgenommen in der Integrierten Forschungseinrichtung des NIAID (IRF) in Fort Detrick, Maryland. Bildnachweis: NIAID

Die häufigsten Symptome von COVID-19 sind Fieber, Müdigkeit und ein trockener Husten. Bei einigen Patienten kann es zu Schmerzen, verstopfter Nase, Kopfschmerzen, Bindehautentzündung, Halsschmerzen, Durchfall, Geschmacks- oder Geruchsverlust, Hautausschlag oder Verfärbung der Finger oder Zehen kommen. Diese Symptome sind in der Regel leicht und beginnen allmählich. Manche Menschen sind infiziert, haben aber nur sehr leichte Symptome.

Die meisten Menschen (etwa 80 %) erholen sich von der Krankheit, ohne dass eine Krankenhausbehandlung erforderlich ist. Eine von sechs mit COVID-19 infizierten Personen erkrankt schwer und hat Atembeschwerden. Ältere Menschen und Menschen mit anderen gesundheitlichen Problemen wie Bluthochdruck, Herz- und Lungenproblemen, Diabetes oder Krebs haben ein höheres Risiko, schwer zu erkranken. Allerdings kann sich jeder mit COVID-19 infizieren und schwer erkranken. Menschen jeden Alters, die Fieber und/oder Husten in Verbindung mit Atembeschwerden / Kurzatmigkeit, Schmerzen / Druckgefühl in der Brust oder Sprach- und Bewegungsstörungen haben, sollten sofort einen Arzt aufsuchen. Wenn möglich, wird empfohlen, zuerst den Arzt oder den Gesundheitsdienst anzurufen, damit der Patient an die richtige Klinik überwiesen werden kann.

Übertragung

Die MARV-Infektion, eine Zoonose, wird in erster Linie durch ein tierisches Reservoir, die Fledermaus der Art Rousettus aegyptiacus, auf den Menschen übertragen, wobei fraglich ist, ob dies die einzige Fledermaus- oder Tierart ist, die in Frage kommt. Die Art der Ansteckung von Menschen und Primaten ist noch nicht geklärt. Sie kann durch tierische Flüssigkeiten, wie Fäkalien oder sogar Aerosole, oder mit Hilfe eines Vektors, möglicherweise durch Öffnungen in der Haut oder Kontakt mit Schleimhäuten, erfolgen.

Owls Agency - SOFTBANK - Important book notification!

To the SOFTBANK Editorial Committee and General Directorate

BLDG Ganshodo, 1-7 - Kamda Jibocho Chiyoda-ku -Tokyo -1010051 -Japan

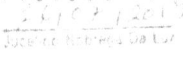

Águas de Lindóia, July 26, 2019

Subject: Publication of the book COVID19 that will appear strong on December 31, 2019, and preparation of the Japanese people for finally a possible virus, solutions and to avoid many bankruptcies of Japanese companies and combination of some herbs (apparatus) and measures that are effective against Corona virus.

We saw, through this, request the publication of the book Covid19 of my authorship

The importance of important follow-up in health: a literature review, a review article, by an author whose you know and had partnerships in the recent past

We further declare that:

1. We certify that we participate sufficiently in the authorship of the article to make public our responsibility for the content, and your letters sent;

2. We certify that the article represents an original work and that neither this manuscript, in part or in full, nor any other work with substantially similar content of our authorship, has been published or is being considered for publication in another journal, be it in printed format or electronic;

3. We assume full responsibility for the citations and bibliographic references used in the text, as well as for the ethical aspects that involve the studied subjects, and as a time traveler through dreams.

4. We certify that, if requested, we will provide or cooperate in obtaining and providing data on which the article is based, for review by the editors.

We can also add these subjects below, whose possibility exists and we remember that they are energies of transformation, which can happen as well as can change - regardless of the desire for any physical motivation - we have no control over what can happen or its future changes, however, spiritual messages serve as a compass towards humanity.

What can be added in the Covid Book19:

Strong explosion in a residence in the neighborhood of Mãe Luiza, east side of Natal –Brazil: omens of the Himalayas, Japan and the world.

In Rio Grande do Norte, Brazil, an explosion will leave at least four women dead, one of them a teenager, and an elderly couple injured in the early hours of the day, February 7, 2021, according to premonitory views

"Possibly due to a gas leak. In the explosion, there will be a collapse of the residence and possible cracks in houses close to the accident.

Himalayan glacier rupture causes death in India

Himalayan glacier rupture causes death in India

Around 160 people may die after part of a glacier in the Himalayan mountain range in northern India breaks and will fall into a dam on February 7, 2021.

The dam's water will overflow and reach the surrounding villages. People living nearby will have to leave their homes.

Bankruptcies in Japan

According to visions, there will be around 1,000 more cases of pandemic-related company bankruptcies since February 2020.

By province, Tokyo will have the largest number, 250 companies that will close their doors in the Japanese capital. Then Osaka and Kanagawa will file 110 and 65 bankruptcies, respectively.

On average, 102 bankruptcies related to the coronavirus pandemic will be registered on average, and with the extension of the state of emergency, individual consumption will fall, and restaurants and service industries will face an even more severe situation. Expectations for the coming months are not optimistic, and we fear that entrepreneurs may give up on continuing business - they are the visions and warnings of premonitory dreams which were published in its first edition of the book "Covid-19" written in 2018, republished in 2019 and 2020.

Shinzo Abe, Prime Minister of Japan, resigned from office on 28. Aug 2020; Elected by the Liberal Democratic Party (PLD). Abe's term will run until September 2021 if he does not resign. And Yoshihide Suga will be the new Prime Minister of Japan on September 16, 2020.

Great Earthquake in Japan will be a 9.0 magnitude earthquake with an epicenter occurring around a major fault that extends from the southwest of the country to near Tokyo in Japan near Kanto, and in the depths of Tokyo between 2021 to the end from 2022.

Japan's Prime Minister Abe Shinzo will confirm on March 24, 2020, that he will ask the International Olympic Committee (IOC) to postpone the Tokyo Olympics for one year, which is scheduled for July 24, 2020. The sports authority will accept, and the competition will be postponed to 2021 (which may or may not happen on that date).

An avalanche will kill four skiers and injure four more on February 6, 2021, in the United States.

An avalanche will kill four skiers and wound four more on February 6, 2021, in a popular recreation area, become one of the most deadly avalanches in Utah history, the distress call will come from an avalanche lighthouse in Millcreek Canyon. The avalanche will occur at an altitude of 9,800 feet (2,987 meters). It will have a depth of 2.5 feet (0.7 meters) and a width of 250 feet (76 meters).

Donald Trump will lose US election to Joe Biden in 2020

Haiti Voltage:

With the growing and dangerous instability in Haiti, a country that has had almost 20 governments in 35 years, the Constitution determines that the president should step down on February 8, 2021. But it is possible that the current president, Jovenel Moïse, will try to remain in power with another reading of the Magna Carta and a possible call for a referendum. It will bring protests and disorder to the country.

I look forward to receiving your email to proceed with the design of this important and didactic book for the Japanese people.

Cordially,

Prof. Jucelino Nobrega da Luz - Caixa Postal 54 - Aguas de Lindoia - S.P. CEP 13940-000

Brazil

Es ist bekannt, dass MARV Infektionen bei Primaten verursachen kann. Bislang wurden jedoch keine Fälle mit einer identifizierten Infektionsquelle bei Primaten außerhalb der Laborumgebung gemeldet, so dass es immer noch hypothetisch ist, ob sie die Infektion unter nicht experimentellen Umständen auf den Menschen übertragen oder nicht. Soweit bekannt ist, sind Primaten ebenso anfällig für eine Infektion mit MARV wie Menschen, da sie nicht in der Lage sind, eine ausreichende Immunreaktion zu entwickeln und schließlich der Virulenz des Virus erliegen.

Die Übertragung dieses Virus erfolgt durch Kontakt mit der viralen RNA, so dass alle Strukturen und Flüssigkeiten, in denen sich das Virus repliziert oder auftritt, als mögliche Infektionsquellen gelten. Die horizontale Übertragung von Mensch zu Mensch erfolgt durch direkten Kontakt mit

Gewebe oder Flüssigkeiten, die virale Genome enthalten, wie Blut, Erbrochenes, Urin, Fäkalien, Schweiß, Muttermilch, Speichel, Atemwegssekrete und Sperma. Auch die Haut ist eine Infektionsquelle, da in Hautabstrichen virales Material nachgewiesen wurde. Nach dem Tod der infizierten Person bleibt das Virus im Körper aktiv, wodurch sich das Ansteckungsfenster vergrößert und jeder, der mit der Leiche in Berührung kommt, gefährdet wird, was eine weitere Form der Ansteckung darstellt. Eine Übertragung des Virus ist jedoch nicht möglich, wenn die Infektion

Die Infektion befindet sich in der Inkubationszeit.

Ungeprüft ist die Ansteckung durch Exposition der Schleimhäute, die bei Primaten nachgewiesen wurde, und durch Aerosol, was experimentell verifiziert wurde.

Ineffektivität, Anzeichen von Zweifeln und täglich auftretende Probleme

Offener Brief an die Weltbevölkerung und ihre Regierungen

Águas de Lindóia, 15. November 2015

Jedes Jahr stellen Pharmaunternehmen Impfstoffe gegen die Grippeviren her, die sie für die nächste Grippesaison als vorherrschend ansehen. Im konkreten Fall von COVID19 handelt es sich um ein Coronavirus aus der Gruppe der einfachen RNA-Genom-Viren mit positivem Sinn (die direkt zur Proteinsynthese verwendet werden), die seit Mitte der 1960er Jahre bekannt sind. Sie gehören zur taxonomischen Unterfamilie Orthocoronavirinae der Familie Coronaviridae, der Ordnung Nidovirales, und wir werden nie so viel Engagement sehen wie das, das die Labors und Regierungen der Welt dem zukünftigen Coronavirus widmen werden. Was ist die eigentliche Absicht hinter all dem? - Die Welt der Verwaltung und der Wirtschaft bricht zusammen. Sie wird von 2019 bis 2023 unterbrochen werden. Vielleicht ist das der Grund.

In der Tat, die Sterblichkeit der möglichen neuen Covid19 vom 31. Dezember 2019, wird nicht mehr als 13% erreichen und was weltweit passieren wird, wird die Todesfälle durch andere bestehende Krankheit Geschichten, die als Covid19 Serienkiller bekannt sein wird, widmen und leiten! Dies wird auch zu einem "wirtschaftlichen Chaos" auf dem Planeten führen. Die Menschen werden in Panik und Angst leben, arbeitslos sein und ihre Häuser nicht verlassen können. Dieses diktatorische System, das von Einzelinteressen getragen wird, kann nicht im Sinne der Menschheit sein. Natürlich kann sie das nicht! Und die versteckten

Auswirkungen des Impfstoffs könnten zwischen 2020 und 2027 viele Todesfälle verursachen - warum?

Die Verdachtsfälle des Coronavirus (viele davon sind auf bereits bestehende Krankheiten zurückzuführen) werden in der Welt, die auf den Wunderimpfstoff wartet, stark zunehmen und zu vielen Abriegelungen führen (Abriegelung).

Tsunamis (Wellen) und Stämme - mit der Quelle von Wissenschaftlern - die von Unternehmen, Labors, Regierungsbeamten in der Welt, zunehmend halten die Menschen in ihren Häusern mit der Begründung, dass das Virus mehr übertragbar sein wird. Jeder weiß, dass man zur Bekämpfung eines möglichen Virus nur Folgendes tun muss:

a) Trennen Sie die Verunreinigungen:

b) Sorgen Sie dafür, dass Kinder und ältere Menschen (insbesondere Patienten mit anderen Risikokrankheiten in der Vorgeschichte) in ihren Wohnungen sicher sind;

c) Aufklärung über Hygiene und Sauberkeit in risikoreichen Umgebungen

d) Jeder Virus braucht eine Umgebung und einen Wirt, um sich zu vermehren.

Andererseits wissen wir, dass die Wirksamkeit des Impfstoffs von Jahr zu Jahr schwankt, unter anderem weil sich die zirkulierenden Grippeviren zwischen dem Zeitpunkt der Herstellung des Impfstoffs und dem Beginn der Grippesaison weiterentwickeln. In den meisten Jahren hat der Grippeimpfstoff im Allgemeinen eine Wirksamkeit von 50 % gezeigt, aber im Vereinigten Königreich lag sie 2015 bereits bei nur 3 %. Wir wissen also, dass dieser Impfstoff, der in acht Monaten entwickelt wird, viele Fragen zur Wirksamkeit und Sicherheit für die Weltbevölkerung aufwerfen wird.

Während der Grippesaison 2017 in Australien erreichte der Grippeimpfstoff aufgrund des Auftretens der H3N2-Variante des Virus, die sich als "impfstoffresistent" erwies, eine beeindruckende Wirksamkeit von 10 %. Und wir werden mit dem Coronavirus-Impfstoff eine neue "Welle" und eine neue "Variante" haben - was könnte sonst noch auftauchen?

Um eine bessere Vorstellung davon zu bekommen, haben einige Wissenschaftler der Universität von Texas (USA) und das Unternehmen Biomed Protection diese Vorhersage fast zwei Jahre im Voraus veröffentlicht und damit bewiesen, dass es möglich ist, die Wirksamkeit des Grippeimpfstoffs vorherzusagen - und so möglicherweise staatliche Ausgaben und Familien zu vermeiden, die einen Schutz suchen, den sie nicht bekommen. In ihrer Studie sagten die Forscher voraus, welche H3N2-Varianten "impfstoffresistent" werden würden, und diese Vorhersage hat sich nun während der australischen Grippesaison 2017 bestätigt.

"Es ist wichtig, dass wir die australische Grippesaison jedes Jahr weltweit beobachten, denn die nächste Grippesaison in den USA, Asien und Europa könnte ähnlich oder noch schlimmer ausfallen", so Jucelino Luz. Während der Grippeimpfstoff und das Coronavirus in Australien und in einigen Ländern der Welt nicht besonders wirksam sind, bereiten sich die europäischen Gesundheitsbehörden auf eine potenziell schwere Grippesaison im Jahr 2019 und eine mögliche Pandemie des hämorrhagischen Marburg-Fiebers zwischen 2025 und 2026 vor.

Die Situation wird nicht viel besser werden.

Jetzt müssen sie dieselbe bioinformatische Plattform nutzen, um die Wirksamkeit des saisonalen Grippeimpfstoffs gegen das H3N2-Virus abzuschätzen, das zwischen Juli und September 2017 in den USA, Australien und weltweit isoliert wurde und in der nächsten "Grippesaison" auftreten wird, sowie gegen die anderen Viren, die in naher Zukunft aus Asien kommen werden.

Die Ergebnisse deuten darauf hin, dass die nächste Impfstoffgeneration 2018 in den USA nicht so schlecht abschneiden wird wie die australische Grippesaison 2017, aber die Zahlen sind alles andere als ermutigend.

In Australien zirkulierten zwei Gruppen von H3N2-Viren, und der Impfstoff war so konzipiert, dass er gegen die kleinere dieser beiden Gruppen und nicht gegen die meisten Viren schützt. In den USA wird erwartet, dass der Impfstoff gegen die meisten der zirkulierenden H3N2-Influenzaviren wirksam ist, aber leider wird dies nicht so einfach möglich sein.

Diese Situation kann sich jedoch ändern, wenn eines der Viren aus der Minderheitengruppe, die nicht durch den Impfstoff abgedeckt sind, die Oberhand gewinnt, wie es beim Coronavirus im Jahr 2019 und bei zwei anderen tödlicheren Viren zwischen 2025 und 2029 der Fall sein könnte. Aus diesem Grund ist es sehr wichtig, die Entwicklung der H3N2-Grippeviren und anderer mit dem Coronavirus in Verbindung stehender Viren während der Grippesaison in den USA, Asien und Europa in den Jahren 2018 bis 2029 genau zu beobachten, schlägt Jucelino Luz vor.

Das größte Bedauern ist der unnötige Tod von unschuldigen Menschen in der Welt, der Mangel an Respekt und Liebe gegenüber dem Leben und das Streben nach Macht, das Ego, vor allem aber die böse Einstellung zur Geldgier auf Kosten des Unglücks der anderen.

Darüber hinaus wird die mangelnde Wirksamkeit des Grippeimpfstoffs mit einer spezifischen Mutation in Verbindung gebracht, die während des Herstellungsprozesses des Impfstoffs entstanden ist. (Tsunami und Stämme) Vor allem die Auswirkung der Mutation und die Bestätigung, dass sie das Impfvirus von der Mehrheits- zur Minderheitsgruppe verändert, vermindert möglicherweise die Wirksamkeit des Impfstoffs und erhöht das Risiko dieses Impfstoffs für den Menschen. Schließlich brauchen wir mehr Engagement und Verantwortungsbewusstsein, wenn wir eine Notimpfung gegen ein mögliches Virus zwischen 2019 und 2021 vorschlagen, da diese tödlicher sein könnte als das Virus selbst. "Angst und Panik in der Weltbevölkerung zu schüren, die Menschen zu stimulieren, um astronomische Gewinne aus dem Verkauf von Impfstoffen zu erzielen, Veruntreuung öffentlicher Mittel, Geldwäsche, betrügerische Angebote - das ist das Tor zur Revolte der Menschen gegen ihre Führer und zum Engagement für die Wahrheit", schließt Jucelino Luz.

7 Continuing with item 1, at the front of this letter, it is not only in 2017, because every year, pharmaceutical companies produce vaccines against influenza viruses that they predict will be dominant during the next flu season. In the specific case of the then, future COVID19, this coronavirus is a group of simple positive-sense RNA genome viruses (used directly for protein synthesis), known since the mid-1960s. They belong to the taxonomic subfamily Orthocoronavirinae of the family Coronaviridae, of the order Nidovirales, we will never see as much dedication as will be given by laboratories and government in the world to the future Coronavirus, what will be the real intention of all this? - The administrative and economic world is breaking down, as well as it will be broken in 2019 to 2023. It may be for this reason.

In fact, the mortality from the possible new Covid19, from December 31, 2019, will not reach more than 13% and what will happen worldwide, will dedicate and direct deaths by other existing disease histories, which will be known as a serial killer Covid19! Which will also lead to "Economic chaos" on the planet, which plans will it favor to whom? Can the people who will be panicked and scared, without a job, unable to leave their homes, this dictatorial scheme, whose process is being created by singular interests, not be in favor of humanity? - Of course not ! And the effects of the vaccine that will be hidden, could cause many deaths between 2020 and 2027 - why?

Cases of suspected coronavirus (many will be from existing disease histories for each individual) will increase greatly in the world waiting for the miracle vaccine and will create many lockdowns; tsunamis (waves) and strains - using the source of scientists - those hired by companies, laboratories, employees of government officials in the world, to increasingly hold people in their homes, on the grounds that the virus will be more transmissible. Everyone knows that to control a possible virus, just do the following:

a) Separate the contaminated:

b) Keeping children and the elderly (especially patients with a history of other risk diseases) safe in their homes;

c) Education in hygiene and cleaning of risky environments.

d) Every virus needs to proliferate an environment and a host

The countries most affected by the possible Covid19   (and Financial economy collapse) between 2019 and 2021 will be: - United States United States, India, Brazil, Russia, United Kingdom, France, Spain, Italy, Turkey Germany, Colombia, Argentina, Mexico and Poland.

Teil 10 - Ausbruch des Marburg-Virus

2025/2026

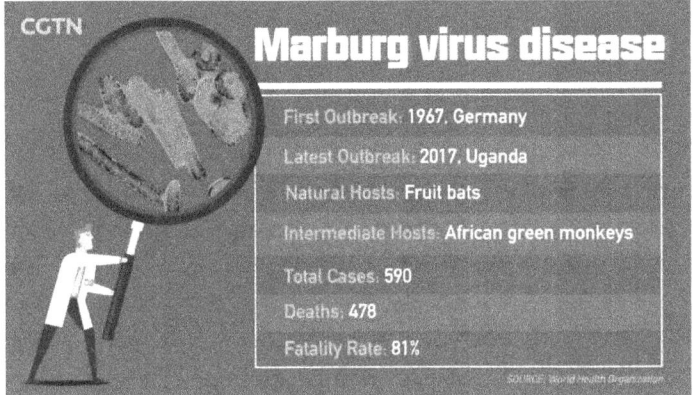

Hinweis: Die obigen Bilder dienen nur zur Veranschaulichung - Credit: Fakten über die Marburg-Krankheit /CGTTN Graphic by Liu Shaozhen

Der aktuelle Ausbruch | Geschichte von Marburg | Das Virus | Klinische Merkmale | Pathophysiologie | Diagnose und Behandlung | Epidemiologie | Die globale Bedrohung |

Der aktuelle Ausbruch

In Angola kommt es derzeit zum bisher größten Ausbruch des hämorrhagischen Marburg-Fiebers (MHF). Der Ausbruch, der im Oktober 2004 in der nördlichen Provinz Uige begann, wurde erst im März 2005 als hämorrhagisches Marburg-Fieber diagnostiziert. Zu diesem Zeitpunkt waren in etwa 50 % der Provinzen des Landes Fälle aufgetreten (siehe www.who.int für aktuelle Daten). Zum jetzigen Zeitpunkt liegt die Sterblichkeitsrate der bekannten Fälle bei über 90 %; angesichts der Schwierigkeiten, in einem so armen Land eine epidemiologische Überwachung durchzuführen, bleiben jedoch wahrscheinlich viele leichtere Fälle unerkannt.

Geschichte von Marburg

MHF wurde erstmals 1967 in Marburg, Deutschland, entdeckt, als Laborpersonal in Marburg, Frankfurt und Belgrad mit aus Uganda eingeführten afrikanischen Grünen Meerkatzen zu tun hatte. Es gab 25 Primär- und 6 Sekundärfälle mit einer Sterblichkeitsrate von 23 %. In den nächsten 30 Jahren gab es drei kleine Ausbrüche, die jeweils einen einzigen ausländischen Besucher in Zentralafrika betrafen und bei denen es nur zu einer sehr begrenzten Sekundärübertragung kam. Der einzige andere größere Ausbruch ereignete sich 1998 in und um die Goldminen in Durba, Demokratische Republik Kongo, mit 141 Fällen in zwei Jahren und einer Sterblichkeitsrate von 83 %. Dieser Ausbruch war das Ergebnis mehrerer verschiedener Einschleppungen des Virus mit leicht unterschiedlichen Stämmen. Zusammenfassend lässt sich sagen, dass vor dem aktuellen Ausbruch 178 Fälle von Maul-

und Klauenseuche bekannt waren; die aktuelle Epidemie betrifft etwa doppelt so viele Opfer wie alle früheren Ausbrüche zusammen.

Das Virus

MHF wird durch die Gattung der Marburg-Viren aus der Familie der Phylum-Viren verursacht, zu der auch die Gattung der Ebola-Viren gehört. Es handelt sich um isolierte negative RNA-Viren mit nur 7 Genen. Die Vorsilbe filo- kommt von dem fadenförmigen Aussehen dieser Viren in der Elektronenmikroskopie. Zu Zwecken der Politik und der Bereitschaftsplanung werden Phylum-Viren häufig mit einer Reihe von Viren aus anderen Virusfamilien zusammengefasst, die jeweils Krankheiten verursachen, die durch Fieber und Blutungen gekennzeichnet sind. Diese als virale hämorrhagische Fieber (VHF) bezeichneten Krankheiten stehen auf der Liste der biologischen Waffen der Kategorie A und sind - mit Ausnahme des Dengue-Virus - nachweislich infektiös, wenn sie in Form von Aerosolen übertragen werden. Obwohl eine Infektion mit dem Marburg-Virus bei mehreren Primaten und bei Fledermäusen festgestellt wurde, ist das natürliche Wirtsreservoir des Virus nicht bekannt.

Klinische Merkmale

Die durch das Marburg-Virus verursachte Krankheit verläuft in der Regel sehr schwer. In ihrem Frühstadium ist sie nicht von anderen in Zentralafrika endemischen Krankheiten wie Malaria zu unterscheiden. Nach einer Inkubationszeit von etwa einer Woche entwickeln die Patienten hohes Fieber, Erbrechen, Durchfall und häufig einen unspezifischen Ausschlag. Gelbsucht und Bauchspeicheldrüsenentzündung sind häufig, ebenso wie ein veränderter Geisteszustand oder sogar Koma; Rachenentzündung und unproduktiver Husten sind weniger häufig. In leichten Fällen können die Patienten Bindehautblutungen und Hämatome haben, bevor die Krankheit abklingt; in tödlichen Fällen entwickelt sich jedoch eine vollständige disseminierte intravasale Gerinnung (DIC) mit diffusen Blutungen. Typisch ist ein septischer Schock mit Herz-Kreislauf-Kollaps und multiplem Organversagen. Der Tod tritt in der Regel innerhalb von 7-10 Tagen nach Auftreten der Symptome ein.

Pathophysiologie

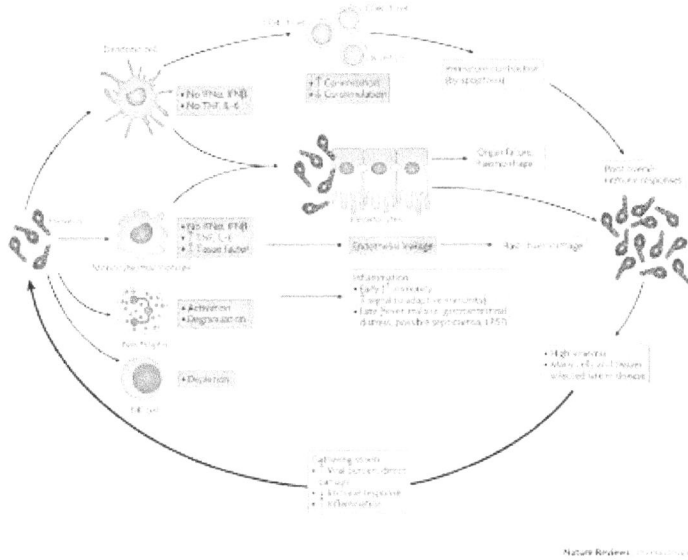

Die obige Grafik, die in Nature Reviews Immunology 7, 556-567 (Juli 2007) veröffentlicht wurde, veranschaulicht diese Schlüsselmerkmale der MARV-Pathogenese:

Sobald das Virus durch Risse in der Haut oder den Schleimhäuten in den Körper gelangt, infiziert es dendritische Zellen und Makrophagen, die es dann in die Lymphknoten tragen. Von dort aus wird das sich replizierende Virus in den Blutkreislauf freigesetzt, was zu einer hämatogenen Ausbreitung in eine Vielzahl von Organen führt und eine weit verbreitete Gewebsnekrose verursacht. Infizierte Makrophagen exprimieren auf ihrer Oberfläche Gewebefaktor, der die DIC und die Freisetzung von Cytosin und Chymosin auslöst, was zu einem septischen Schock führt. Gleichzeitig werden sowohl die angeborenen als auch die adaptiven Immunreaktionen unterdrückt.

Diagnose und Behandlung

Eine Phylum-Virusinfektion sollte bei Patienten mit dem oben beschriebenen klinischen Bild vermutet werden, die eine epidemiologische Verbindung zu einem Gebiet haben, in dem Marburg oder Ebola nachgewiesen wurde, oder die zu einer ungewöhnlichen Gruppe solcher Fälle gehören, auch wenn kein Ausbruch bekannt ist. Typische Laborbefunde sind Leukopenie und Lymphopenie mit Anzeichen von DIC und erhöhten Transaminasen. Die Bestätigung der Diagnose in einem klinisch sinnvollen Zeitrahmen erfordert RT-PCR oder ELISA, die in der Regel nur in staatlichen Labors verfügbar sind und in der Regel eine vorherige Konsultation von Spezialisten der Gesundheitsämter erfordern. Klinische Proben sollten als hochinfektiös angesehen und mit äußerster Vorsicht behandelt werden, und das Labor sollte darüber informiert werden, dass VHFV in Betracht gezogen wird.

Das Marburg-Virus (MARV) trat erstmals im August 1967 auf, als sich Laborarbeiter in Marburg und Frankfurt, Deutschland, und Belgrad, Jugoslawien (heute Serbien), mit einem bis dahin unbekannten Erreger infizierten. Die 31 Patienten (25 primär, sechs sekundär) entwickelten eine schwere Krankheit, die in sieben Fällen tödlich verlief. Ein weiterer Fall, der Symptome der Krankheit aufwies, wurde retrospektiv diagnostiziert (nachzulesen in). Die Infektionsquelle wurde auf Afrikanische Grüne Meerkatzen (Chlorocebus aethiops) zurückgeführt, die aus Uganda eingeführt und an die drei Standorte verschifft worden waren. Die Primärinfektionen traten ironischerweise auf, als die Affen seziert wurden, um Nierenzellen zur Züchtung von Polio-Impfstämmen zu gewinnen. In der bemerkenswerten Zeitspanne von weniger als drei Monaten wurde der Erreger durch die gemeinsamen Bemühungen von Wissenschaftlern in Marburg und Hamburg isoliert, charakterisiert und identifiziert [2] und anschließend durch Kunz und Kollegen sowie Kissling und Kollegen bestätigt. Der Erreger wurde nach der Stadt mit den meisten Fällen Marburg-Virus genannt und war die erste Isolierung eines Stammvirus. Fälschlicherweise wurde eine in "The Lancet" veröffentlichte Studie, in der behauptet wurde, die mysteriöse Krankheit werde durch Rickettsien oder Chlamydien verursacht, häufig als erster Bericht über den Erreger der Marburg-Virus-Krankheit (MVD) zitiert [5].

Erst 1976 tauchte das heute bekanntere Mitglied der Familie, das Ebola-Virus (EBOV), erstmals in Afrika auf. Bald darauf wurden das Marburg-Virus und das Ebola-Virus gemeinsam in eine neu gegründete Familie namens Filoviridae eingeordnet, die nach ihrer charakteristischen fadenförmigen Struktur benannt wurde (filum ist lateinisch für Faden).

MARV war acht Jahre lang nicht bekannt, als ein junger Australier, der durch Simbabwe gereist war, in ein Krankenhaus in Johannesburg, Südafrika, eingeliefert wurde und Symptome zeigte, die an die Symptome des Ausbruchs von 1967 in Europa erinnerten. Als er starb, übertrug sich die Infektion auf seinen Reisegefährten und später auch auf eine Krankenschwester. Da zunächst der Verdacht auf Lassa-Fieber bestand, wurden strenge Barrieretechniken angewandt und die Patienten und ihre ersten Kontaktpersonen isoliert. Dies führte zu einer raschen Eindämmung des Ausbruchs, und während sich die Sekundärfälle erholten, wurde MARV als der Erreger der Krankheit identifiziert. In den folgenden Jahren, von 1975 bis 1985, wurden auf dem afrikanischen Kontinent nur sporadische Ausbrüche mit einer geringen Anzahl von Individuen durch MARV verursacht (Tabelle 1, Abbildung 1a). Da die Sterblichkeitsraten im Zusammenhang mit MVD auch niedriger waren als bei den verheerenden Ausbrüchen im Zusammenhang mit der EBOV-Krankheit, die bis zu 90 % erreichten, wurde MARV lange Zeit als weniger bedrohlich angesehen (Tabelle 1). Diese Ansicht musste jedoch revidiert werden, als MARV bei zwei großen Ausbrüchen in der Demokratischen Republik Kongo (DRC) in den Jahren 1998-2000 und dann zum ersten Mal auch in Westafrika, in Angola 2004-2005, wieder auftrat. Die Gesamtzahl von 406 Fällen und die hohen Sterblichkeitsraten (83 % in der Demokratischen Republik Kongo und 90 % in Angola) zeigten, dass MARV eine ebenso große Gefahr für die öffentliche Gesundheit darstellt wie EBOV. Die beobachteten Unterschiede in der Schwere der Erkrankung und der Sterblichkeitsrate zwischen diesen Ausbrüchen seit dem ersten Ausbruch im Jahr 1967 können von vielen komplizierenden/ mildernden Faktoren abhängen. Dazu gehören die Qualität und Verfügbarkeit der medizinischen Versorgung, die Infektionsdosis und der Infektionsweg, Unterschiede in der Anfälligkeit der Wirtsbevölkerung (je nach immunologischem und ernährungsbedingtem Status) und der Genetik, inhärente Unterschiede in der Virulenz der Virusvarianten und die Prävalenz von

Koinfektionen (insbesondere Malaria und AIDS bei Patienten in Subsahara-Afrika). Die Annahme, dass MARV Angola von Natur aus virulenter ist als andere MARV-Varianten, wurde hauptsächlich auf der Grundlage von Infektionsstudien mit nichtmenschlichen Primaten (NHP) vorgeschlagen, ist jedoch umstritten [15]. Die Genome der angolanischen Isolate unterscheiden sich auf der Nukleotidebene um etwa 7 % von den meisten ostafrikanischen MARV-Isolaten, einschließlich derer von 1967. Bislang gibt es keine Hinweise darauf, dass die beobachteten genetischen Unterschiede zu einer erhöhten Virulenz beim Menschen führen.

Teil 11

Abschließende Begründung :

Das hämorrhagische Marburg-Fieber ist eine Viruserkrankung, die 1967 beschrieben wurde. Die Pathogenese ist noch nicht vollständig aufgeklärt, und die Übertragung ist bei den gemeldeten Fällen beim Menschen sehr heterogen, aber es gibt Ähnlichkeiten zwischen ihnen.

Selbst in Ländern, in denen FHM endemisch ist, sind Safaris und Touren sehr beliebt.

und von Menschen in der ganzen Welt nachgefragt werden, wodurch sie dem Risiko weiterer Schäden ausgesetzt sind.

Viruserwerb und Übertragung der Krankheit in andere Länder. Die Befürchtung, dass das Marburg-Virus mutiert und sich an neue Lebensräume anpasst, veranlasst die Angehörigen der Gesundheitsberufe, sich über die Krankheit in klinischen und pathophysiologischen Bereichen auf dem Laufenden zu halten. Es ist wichtig, dass die Teams des Gesundheitswesens, insbesondere diejenigen, die in der akuten Phase der Krankheit direkten Kontakt mit den Patienten haben, auf das Management und die Differentialdiagnose dieser Krankheiten vorbereitet sind, um Strategien, Materialien und Personalressourcen für den Umgang mit Verdachtsfällen zu planen.

Viele Institute für Patienten mit Infektionskrankheiten in der Welt müssen darauf vorbereitet sein, mögliche Fälle von ungewöhnlichen Krankheiten zu behandeln.

Pathophysiologische Aspekte des hämorrhagischen Marburg-Fiebers.

Es gibt drei Hauptfaktoren, die den Schweregrad der HFM bestimmen: (1) schnelle Virusreplikation, (2) durch das Virus verursachte Immunsuppression des Wirts und (3) vaskuläre Dysfunktion. Die Letalität ist in der Regel mit einem fulminanten Schock verbunden, der auf ein vermindertes Blutplasmavolumen zurückzuführen ist, das durch eine erhöhte Gefäßpermeabilität, Hypotonie, Gerinnung und Blutungsneigung entsteht.

Hauptziel des Marburg-Virus sind die mononukleären Zellen des Systems, phagozytische Zellen wie Makrophagen und Monozyten, die auch dendritische Zellen befallen, wobei nur wenige Abwehrzellen, darunter Lymphozyten, verschont bleiben. Und sobald diese Zellen durch eindringende Viren aktiviert werden, beginnen sie, Entzündungsmediatoren freizusetzen, mit einem Höhepunkt in den letzten Stadien der Krankheit, darunter TNF-α

(Tumor-Nekrose-Faktor-α) des englischen Tumor-Nekrose-Faktors-α, IFN- y (Interferon - y) und IL (Interleukin) -1β, IL-10, IL-1-Rezeptor-Antagonist und vor allem IL-6.

Diese Entzündungsmediatoren, die bei einer Infektion mit dem Marburg-Virus freigesetzt werden, spielen nachweislich eine wichtige Rolle bei der Beeinflussung des Ausgangs einer PhyA-Virusinfektion und sind wichtige pathogene Faktoren für die Fähigkeit des Virus, ein angeborenes Immunsystem zu aktivieren und die endotheliale Barrierefunktion zu beeinträchtigen. Endothelzellen steuern über ihre interzellulären Adhäsionen den Austausch von gelösten Stoffen und Flüssigkeiten zwischen dem intravaskulären und dem interstitiellen Medium in den Geweben, indem sie die Dicke zwischen den interstitiellen Verbindungsstellen regulieren. Unter entzündlichen Bedingungen geht die Adhäsion zwischen den Endothelzellen teilweise verloren, was zu einem Anstieg der Durchlässigkeit der Gefäße für Wasser, gelöste Stoffe und Makromoleküle führt, was unter schwereren Bedingungen die Bildung von Ödemen zur Folge hat. Die Störung der Barrierefunktion durch das Marburg-Virus ist kritisch, vor allem wegen des Austretens von Flüssigkeiten und gelösten Stoffen, die das Virus verbreiten und die Reaktion des angeborenen Immunsystems mit der des adaptiven verwechseln.

Sobald das Virus in das Immunsystem eingedrungen ist, neigt es dazu, sich in bestimmten Zellen einzunisten, die nicht zum Lymphsystem gehören, wie z. B. Nebennierenrindenzellen, Fibroblasten und Endothelzellen, aber auch das lymphatische Gewebe wird durch das Virus erheblich geschädigt, wobei die Zerstörung von Lymphozyten häufig in der Milz und in infizierten Lymphknoten zu beobachten ist.

Die Affinität des Virus zu einem bestimmten Zelltyp hängt mit einer Art von Glykoprotein, Lecithin Typ C, zusammen, das in bestimmten Körperzellen exprimiert wird und die Infektion durch das Virus erleichtert. Hepatozyten exprimieren vor allem eine Art von Lecithin, Typ C, den Asialoglykoprotein-Rezeptor, der eine Affinität für einen N-terminalen Teil der Glykoproteine des Marburg-Virus aufweist und so den Eintritt des Virus erleichtert.

Aus diesem Grund ist die Leber das Zielorgan bei FHM, aber auch Lymphorgane wie die Milz werden als Schlüsselorgane in der Pathologie der Krankheit angesehen. Viele Patienten haben neben der hepatonukleären Nekrose auch erhöhte Leberenzymwerte. Ein weiteres Merkmal dieser Patienten ist die Koagulopathie. 32 % bis 54 % dieser Patienten haben offene Blutungen und können unter anderem Zahnfleisch-, Nasen-, Husten- oder Erbrochenenblutungen haben. Hämorrhagische Zeichen wurden bei 45 % der Patienten festgestellt.

Aufnahme neuer Fälle in naher Zukunft

Bei der Aufnahme von Patienten, wenn noch nicht bekannt ist, ob der Patient an FMH erkrankt ist oder kontaminiertes Gewebe hat oder nicht, sowie bei der Möglichkeit, dass der Patient in jedem Stadium der Krankheit gesehen wird. Aufgrund der höheren Exposition des Fachpersonals gegenüber dem Virus wird empfohlen, in diesem Dienst ein Standard-Sicherheitsverfahren einzuführen, bei dem die Möglichkeit einer Erkrankung anhand der Patiententriagetabelle geprüft und als Verdachtsfall, wahrscheinlicher Fall oder bestätigter Fall eingestuft wird, wobei letzteres nur durch Labortests möglich ist.

Sie wird als Standardverfahren für die Erstversorgung in Verdachtsfällen von FHM empfohlen:

- Tragen Sie bei jedem Kontakt mit dem Patienten Handschuhe und wechseln Sie die Handschuhe für jede Aufgabe oder Tätigkeit mit demselben Patienten;

- Waschen Sie sich nach der Behandlung des Patienten sofort die Hände mit einer Seife mit antiseptischem Wirkstoff.

Seife mit antiseptischem Wirkstoff;

- Tragen Sie eine Maske, wasserdichte Schutzkleidung und eine Schutzbrille bei allen Tätigkeiten, bei denen Tröpfchen verspritzen oder in Kontakt kommen können mit

mit Flecken von Körperflüssigkeiten;

- Regelmäßige Reinigung und Desinfektion von Flächen, die mit dem

einschließlich Betten, Kissen, Untersuchungstisch und am Bett.

- Bringen Sie den Patienten in einen Bereich mit Kontaktisolierung (Weltgesundheit

Organisation und Center for Disease Control, 2004)

Es wird empfohlen, eine Gesichtsmaske zu tragen, vorzugsweise eine HEPA-Maske (High-Efficiency Particulate Air Respirator) wie FFP2 oder eine von der US-NIOSH zertifizierte N95-Maske; in frühen Fällen der Krankheit, vorzugsweise wenn der Patient mit Hustensymptomen auftritt, um den Kontakt mit luftgetragenen Partikeln zu vermeiden,

weil das Risiko einer Infektion der Atemwege sehr gering ist. (Weltgesundheitsorganisation (WHO) 2008; CDC, 2004;

Sobald der Verdacht auf einen FHM-Fall aufkommt, beginnen die Isolierungsmaßnahmen, zu denen auch die Benachrichtigung des epidemiologischen Dienstes des Krankenhauses und des Ausschusses für Infektionskontrolle im Krankenhaus (CCIH) gehört, der die entsprechenden Mitteilungen macht.

Isolierung

Die Isolierungsmaßnahmen sollten gemäß den Vorschriften des behandelnden Krankenhauses durchgeführt werden. In der Welt, in der wir über Institute für Infektionskrankheiten verfügen, sollten Isolationsmaßnahmen ergriffen werden, um die Ausbreitung von Infektionskrankheiten einzudämmen, insbesondere von solchen, die Krankenhausinfektionen oder Krankheitsausbrüche verursachen können (Handbuch mit Empfehlungen für

Vorsichtsmaßnahmen und Isolierung durch das staatliche Gesundheitsamt).

Jede Isolation ist durch verschiedenfarbige Schilder gekennzeichnet, die die erforderlichen PSA enthalten. Die Art der Isolierung muss täglich vom medizinischen Team festgelegt werden, und das Pflegeteam ist für die Anbringung der Schilder an den Zimmertüren und deren Wartung verantwortlich:

- Standard-Vorsichtsmaßnahme: muss bei allen Dienstleistungen angewendet werden

Standard-Vorsichtsmaßnahmen: müssen bei allen Patienten angewendet werden, bei denen die Gefahr des Kontakts mit Blut, Körperflüssigkeiten, Sekreten und Ausscheidungen (außer Schweiß) besteht; Haut mit Lösungskontinuität und Schleimhaut.

- Besondere Vorsichtsmaßnahmen: für bestimmte klinische Situationen und für bestimmte Mikroorganismen. Diese Vorsichtsmaßnahmen beruhen auf dem Mechanismus der Krankheitsübertragung und sind für Personen vorgesehen, bei denen eine Infektion oder Besiedlung mit übertragbaren Krankheitserregern von epidemiologischer Bedeutung vermutet wird oder bekannt ist. Sie basieren auf drei Hauptübertragungswegen: Kontaktübertragung, Übertragung durch Tröpfchen und Übertragung durch Aerosole in der Luft.

- Empirische Vorsichtsmaßnahmen: sind bei klinischen Syndromen von epidemiologischer Bedeutung ohne Bestätigung der Ätiologie angezeigt.

Es ist notwendig, dass der Patient, auch bei Verdacht auf FHM, in einem Einzelzimmer untergebracht wird. Es ist nicht notwendig, ein Zimmer mit Unterdruck zu beginnen, aber die Möglichkeit der Verwendung sollte bei Patienten mit starkem Husten, Erbrechen, Durchfall und Blutungen in Betracht gezogen werden.

Marburg-Virus - möglicher Ausbruch

2025/2026

Der zukünftige Ausbruch | Geschichte von Marburg | Das Virus | Klinische Merkmale | Pathophysiologie | Diagnose und Behandlung | Epidemiologie | Die globale Drei

Briefe an Behörden in aller Welt :

Bürgermeister von Madrid -Spanien - englische Übersetzung unten

Ayuntamiento de Madrid

Estimado señor alcalde, José Luis Martínez-Almeida

CALLE MONTALBAN, 1 PLANTA 4 28014 MADRID - España

Protocollea
~~S/01/2021~~
Jucelino Nobrega Da Luz

Águas de Lindóia, 25 de enero de 2021

Vengo muy respetuosamente, para traerles esta tercera carta, entre los correos ya enviados, com información sobre la posibilidad de dos nuevos virus, lamentablemente uno de ellos, se iniciara en su país, por lo que les pido su atención e investigación para evitar este gran problema entre el 2025 y el 2026, que los buenos espíritus solo atienden a quienes sirven a Dios con humildad y desinteres y que repudian a todo aquel que busca en el camino del Cielo un paso para conquistar las cosas de la tierra; que se alejan de los orgullosos y ambiciosos. En una carta enviada a China en 2018, les hable del virus Covid19.

Mensaje espiritual:

1. Mucha gente inocente en **Madrid - España** y **Serbia** posiblemente morirá de una enfermedad extremadamente rara y mortal causada por el brote del virus de Marburgo y puede ser una epidemia en 2025. El virus de Marburgo esta relacionado con otro virus notorio, el virus del Ebola, según los sueños de Jucelino Luz. Ambos virus son miembros de la familia de los "filovirus" y tienen altas tasas de mortalidad. La tasa de mortalidad por la enfermedad causada por el virus de Marburg puede llegar al 88 por ciento. El virus de Marburgo se transmite a las personas a partir de un tipo de murciélago frugívoro llamado Rousettus aegyptiacus, o el murciélago frugívoro egipcio, disse las vistas premonitorias. Sin embargo, una vez que un ser humano esta infectado, el virus puede transmitirse a otros humanos a través del contacto directo con fluidos corporales o al entrar en contacto con superficies y materiales que han sido contaminados con estos fluidos. [Los 9 virus mas mortíferos de la Tierra]. La cantidad de tiempo que tardan en aparecer los síntomas después de que una persona se infecta con el virus, conocido como periodo de incubación, puede variar de dos a 21 días, dice Jucelino Luz. Pero cuando los síntomas comienzan, comienzan abruptamente y pueden incluir dolores y molestias musculares. Aproximadamente tres dias despues de que comienzan los síntomas, una persona puede desarrollar síntomas gastrointestinales, que incluyen náuseas, vómitos y diarrea intensa que pueden persistir durante una semana. Jucelino Luz describe a los pacientes en esta fase de la infección como "fantasmales", con rasgos dibujados, ojos hundidos, rostros inexpresivos y letargo extremo. Al igual que el virus del Ebola, el virus de Marburgo causa una afección llamada fiebre hemorrágica grave, que incluye síntomas como fiebre alta y disfunción de los vasos sanguíneos del cuerpo, lo que puede provocar un sangrado profuso. Estos síntomas hemorrágicos suelen comenzar entre cinco y siete días después de la aparición de los síntomas, según las vistas premonitorias. Se puede encontrar sangre en el vómito y las heces, y los pacientes también pueden sangrar por la nariz, las encías y, en el caso de las mujeres, la vagina. Sangrar en los sitios de inyección durante el tratamiento medico puede ser "particularmente problemático", según su consejo espiritual. El virus también puede causar problemas en el sistema nervioso central, generando confusión, irritabilidad y agresión, y estara apareciendo en 2025 en España -Madrid y Serbia, dependiendo de su desarrollo puede convertirse en pandemia

en 2026- Y puede matar a miles o millones de personas inocentes en toda Europa y el mundo entero si los gobernadores de esos países no hacen nada para evitarlo (para dejarlo) En casos fatales, la muerte ocurre entre ocho y nueve días después de que comienzan los síntomas, generalmente debido a graves pérdida de sangre y conmoción, según la orientación espiritual de Jucelino Luz;

2. La vacuna Covid 19 puede matar a más personas inocentes que el propio virus entre 2021 y 2022; por lo tanto, recomendamos una encuesta de más de 2 años, antes de que se lance la vacuna (con evidencia científica comprobada). Y las muertes pueden comenzar en Brasil, Estados Unidos, Inglaterra, China, Japón, Alemania, Francia, España, Italia, Argentina y así seguir extendiéndose a otros países ... ;

3. Nipah: el virus que infecta a los murciélagos y podría causar grandes daños a Asia y el mundo incluso se puede intentar evitar que ocurra otra pandemia. La tasa de muerte de Nipah varía del 40% al 75% de los infectados, dependiendo de dónde ocurra el brote. El 3 de enero de 2020, se hicieron advertencias y noticias de mis sueños premonitorios de que algún tipo de enfermedad respiratoria estaba afectando a personas en Wuhan, China, llegaron a Tailandia. Con la llegada del Año Nuevo Lunar, muchos turistas chinos se dirigían al país vecino para celebrar. Con cautela, el gobierno tailandés comenzó a examinar a los pasajeros que llegaban de Wuhan en el aeropuerto, y se eligieron laboratorios seleccionados para procesar las muestras y tratar de detectar el problema. La próxima amenaza del virus Nipah entre 2027 y 2029 (poderá começar no Vietnã, Camboja, Tailândia ,Malasia, Bangladesh e India) de esta manera puede extenderse muy rápido al mundo.

Espero estar equivocado, sin embargo, eso es lo que noté en mi santo mensaje. Les pido que presten atención y tomen las medidas necesarias para proteger a la población e investigar para contener la aparición y proliferación de virus en su país.

Cordialmente,

Prof. Jucelino Nobrega da Luz –Caixa Postal 54 –Aguas de Lindóia –S.P CEP: 13940-000- Brasil

Bürgermeister von Belgrad - Serbien - Serbische Übersetzung unten

Град Београд - Секретаријат за информације

Краљице Марије 1 / КСИ, 11000 Београд, Србија

Mayor of Belgrade - Градоначелник Београда -**Зоран Радојичић**

Gradonačelnik Beograda

Агуас де Линдоиа, 25. јануара 2021

Долазим са поштовањем, да вам доставим ово треће писмо, међу већ посланим е-порукама, са информацијама о могућности два нова вируса, нажалост један од њих ће почети у вашој земљи, па вас молим за пажњу и истраживање како бисте избегли ово сјајно проблем између 2025. и 2026. да добри духови присуствују само онима који служе Богу с понизношћу и несебичношћу и да одричу свакога ко тражи корак на путу ка Небу да би победио земаљске ствари; који се окрећу од поносних и амбициозних. У писму упућеном Кини 2018. године рекао сам вам о вирусу Цовид19.

Духовна порука:

1. Многи невини људи у Мадриду - Шпанија и Србија ће вероватно умрети од изузетно ретке и смртоносне болести изазване избијањем вируса Марбург и можда ће бити епидемија 2025. године. Вирус Марбург повезан је са још једним злогласним вирусом, вирусом еболе , према сновима Јуцелина Луза. Оба вируса су чланови породице „филовирус" и имају високу стопу смртности. Стопа смртности од болести изазване вирусом Марбург може бити чак 88 процената. Вирус Марбург преноси се људима из врсте воћних слепих мишева званих Роусеттус аегиптиацус или египатских воћних слепих мишева, према прелиминарним погледима. Међутим, када се човек зарази, вирус се може пренети на друге људи директним контактом са телесним течностима или контакт са површинама и материјалима који су контаминирани тим течностима. [9 најсмртоноснијих вируса на Земљи]. Време потребно да се симптоми појаве након што је особа заражена вирусом, познато као период инкубације, може бити од два до 21 дан, каже Јуцелино Луз. Али када симптоми започну, нагло почињу и могу укључивати болове у мишићима. Отприлике три дана након што симптоми почну, особа може развити гастроинтестиналне симптоме, укључујући мучнину, повраћање и тешку дијареју која може трајати недељу дана. Јуцелино Луз описује пацијенте у овој фази инфекције као „сабласне", цртаних црта лица, удубљених очију, празних лица и крајње летаргије. Попут вируса еболе, вирус Марбург изазива стање које се назива тешка хеморагична грозница, што укључује симптоме као што су висока температура и дисфункција крвних судова тела, што може довести до обилних крварења. Ови симптоми крварења обично почињу између пет и седам дана након појаве симптома, у зависности од прелиминарних ставова. Крв се може наћи у повраћању и столици, а пацијенти могу крварити и из носа, десни и, у случају жена, вагине. Према његовим духовним саветима, крварење на местима убризгавања током лечења може бити „посебно проблематично". Вирус такође може да изазове проблеме у централном нервном систему, генеришући конфузију, раздражљивост и агресију, а појавит ће се 2025. године у Шпанији - Мадриду и Србији, у зависности од свог развоја може постати пандемија 2026. - И може убити хиљаде или

милионе невини људи широм Европе и целог света ако гувернери тих земаља не учине ништа да то спрече (да то зауставе) У фаталним случајевима смрт наступи између осам и девет дана од почетка симптома, обично услед великог губитка крви и шок, према духовној оријентацији Јуцелина Луза;

2. Вакцина Цовид 19 може да убије више невиних људи од самог вируса између 2021. и 2022. године; стога препоручујемо анкету дужу од две године пре пуштања вакцине (са доказаним научним доказима). А смрт може почети у Бразилу, Сједињеним Државама, Енглеској, Кини, Јапану, Немачкој, Француској, Шпанији, Италији, Аргентини и тако наставити да се шири у друге земље ....

3. Нипах: вирус који заражава слепе мишеве и могао би да нанесе велику штету Азији и свету. Можете чак покушати да спречите да се догоди још једна пандемија. Нипах-ова стопа смртности креће се од 40% до 75% заражених, у зависности од места избијања епидемије. 3. јануара 2020. на Тајланд су стигла упозорења и вести о мојим прелиминарним сновима да је нека врста респираторних болести погађала људе у кинеском Вухану. Доласком лунарне Нове године, многи кинески туристи упутили су се у суседну земљу да прославе. Тајландска влада је опрезно започела преглед путника који су стизали из Вухана на аеродром, а одабране су лабораторије које ће обрадити узорке и покушати открити проблем. Следећа претња вирусом Нипах између 2027. и 2029. године (моћи ће доћи у Вијетнаму, Камбоџи, Тајландији, Малезији, Бангладешу и Индији) на овај начин може се врло брзо проширити светом.

Надам се да грешим, међутим, то сам приметио у својој светој поруци. Молим вас да обратите пажњу и предузмете потребне мере да заштитите становништво и истражите како бисте зауставили појаву и ширење вируса у вашој земљи.

Срдачно,

Проф. Јуцелино Нобрега да Луз -Цаика Постал 54 -Агуас де Линдоиа -С.П ЦЕП: 13940-000- Бразил

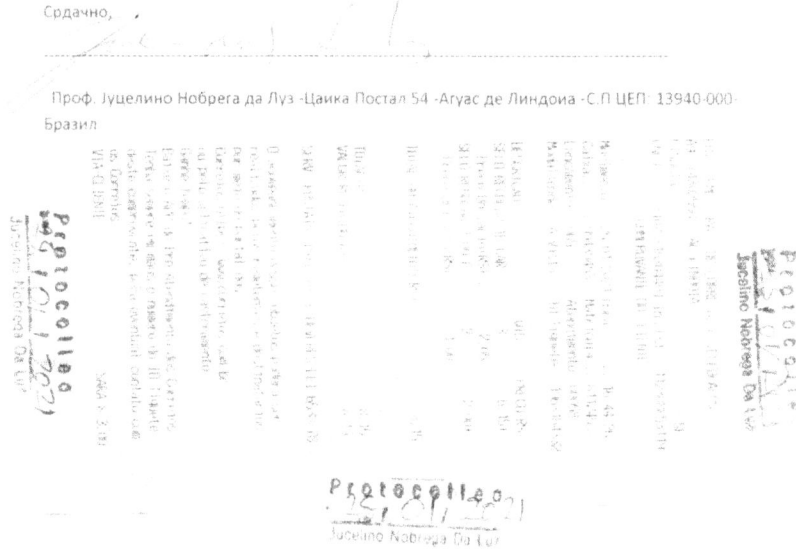

Übersetzung der Briefe aus dem Spanischen und Serbischen ins Deutsche siehe unten:

Betrifft: Eine neue Pandemie ist im Anmarsch ...

Ich komme mit großem Respekt, dies ist das dritte Mal, dass ich euch Informationen über die Möglichkeit von zwei neuen Viren bringe, leider wird einer von ihnen in eurem Land

ausbrechen, also bitte ich um eure Aufmerksamkeit und Forschung, um dieses große Problem zwischen 2025 und 2026 zu vermeiden... Erinnert euch daran, dass die guten Geister nur denen helfen, die Gott mit Demut und Uneigennützigkeit dienen und die all jene zurückweisen, die auf dem Weg des Himmels einen Schritt suchen, um die Dinge der Erde zu erobern; die sich von den Stolzen und Ehrgeizigen fernhalten. In einem Brief, den ich 2018 nach China geschickt habe, habe ich sie über das Covid19-Virus informiert

Viele unschuldige Menschen in Madrid - Spanien und Serbien werden möglicherweise an einer extrem seltenen und tödlichen Krankheit sterben, die durch den Ausbruch des Marburg-Virus verursacht wird und bis 2025 zu einer Epidemie werden kann. Beide Viren gehören zur Familie der "Phylum-Viren" und haben eine hohe Sterblichkeitsrate. Die Sterblichkeitsrate bei der durch das Marburg-Virus verursachten Krankheit kann bis zu 88 % betragen. Das Marburg-Virus wird von einer Fledermausart namens Rousettus aegyptiacus, der Ägyptischen Fledermaus, auf den Menschen übertragen, wie die geistige Führung zeigt. Einmal infiziert, kann das Virus jedoch durch direkten Kontakt mit Körperflüssigkeiten oder durch den Kontakt mit Oberflächen und Materialien, die mit diesen Flüssigkeiten kontaminiert wurden, auf andere Menschen übertragen werden. Die 9 tödlichsten Viren der Welt] Die Inkubationszeit, d. h. die Zeit, die vergeht, bis Symptome auftreten, nachdem sich eine Person mit dem Virus infiziert hat, kann zwischen zwei und 21 Tagen liegen, heißt es in der geistlichen Anleitung. Wenn die Symptome jedoch beginnen, treten sie abrupt auf und können Muskelschmerzen und -krämpfe umfassen. Etwa drei Tage nach Beginn der Symptome können bei einer Person gastrointestinale Symptome auftreten, einschließlich Übelkeit, Erbrechen und schwerem Durchfall, der eine Woche lang anhalten kann. Seine geistige Führung beschreibt Patienten in diesem Stadium der Infektion als "geisterhaft", mit gezeichneten Zügen, tiefliegenden Augen, ausdruckslosen Gesichtern und extremer Lethargie. Wie das Ebola-Virus verursacht auch das Marburg-Virus ein so genanntes schweres hämorrhagisches Fieber, das mit Symptomen wie hohem Fieber und Funktionsstörungen der Blutgefäße einhergeht, die zu starken Blutungen führen können. Diese Blutungserscheinungen beginnen oft zwischen fünf und sieben Tagen nach dem Auftreten der Symptome, je nach Ihrer geistigen Offenbarung. Blut kann im Erbrochenen und im Stuhl gefunden werden, und die Patienten können auch aus der Nase, dem Zahnfleisch und bei Frauen aus der Vagina bluten. Blutungen an Injektionsstellen während medizinischer Behandlungen können "besonders lästig" sein, so die Seelsorgerin. Das Virus kann auch Probleme mit dem zentralen Nervensystem verursachen, was zu Verwirrung, Reizbarkeit und Aggression führt, und wird im Jahr 2025 in Spanien - Madrid und Serbien auftreten, je nach Entwicklung kann es im Jahr 2026 zu einer Pandemie werden - Und kann Tausende oder Millionen von unschuldigen Menschen in ganz Europa und weltweit töten, wenn die Gouverneure dieser Länder nichts tun, um es zu verhindern (, um es aufzugeben) In tödlichen Fällen tritt der Tod zwischen acht und neun Tagen nach dem Auftreten der Symptome ein, in der Regel aufgrund von schwerem Blutverlust und Schock, nach spirituellen Offenbarung ..;

2. Die einzige wirksame Methode zur Bekämpfung des Covida19-Virus besteht darin, Kranke, ältere Menschen und Kinder zu isolieren, d. h. von anderen Menschen

abzusondern. In diesem Sinne wird das Virus viel stärker zurückgehen und sich weniger ausbreiten, denn die bisher ergriffenen Maßnahmen sind allesamt palliativ, sie werden die Probleme nicht lösen, und noch weniger wird der Impfstoff ein wirksames Mittel gegen das Virus sein, denn die Menschen werden mit falschen Empfehlungen und Versprechungen getäuscht. Zur Vermeidung von Intubationen und Exzessen in Krankenhäusern wird empfohlen, Guaco- und Anistee zu trinken und nachts einen Luftbefeuchter zu verwenden - dies kann die Probleme ohnehin lösen;

3. Die Aktien von Xiaomi werden am 15. Januar 2021 an der Hongkonger Börse fallen, nachdem die Vereinigten Staaten den drittgrößten Mobiltelefonhersteller der Welt auf eine Liste von Unternehmen gesetzt haben, die als Bedrohung für die nationale Sicherheit gelten. Die Aufnahme chinesischer Unternehmen, die Sanktionen unterliegen werden, ist das jüngste Kapitel in vier Jahren diplomatischer Spannungen zwischen Peking und Washington unter Präsident Donald Trump. Vor dem Ende der Amtszeit des US-Präsidenten werden die Behörden eine Reihe von Ankündigungen gegen den chinesischen Mobiltelefonhersteller, die Video-App TikTok und den Ölriesen CNOOC machen.

Xiaomi, das Apple überholt hat, um bis 2020 der drittgrößte Smartphone-Hersteller der Welt zu werden, ist eines von neun chinesischen Unternehmen, die aufgrund ihrer angeblichen Verbindungen zum chinesischen Militär auf dieser Liste stehen. Diese mögliche Maßnahme bedeutet, dass US-Investoren keine Xiaomi-Aktien kaufen können und die Aktien, die sie besitzen, verkaufen müssen, es sei denn, der zukünftige Präsident Joe Biden macht die Maßnahme in naher Zukunft rückgängig. Xiaomi ist eines der größten chinesischen Unternehmen, das auf dieser Liste zu finden sein wird. Die Aktien des Unternehmens werden bei Börsenschluss in Hongkong um mehr als 10 % fallen, und der Rückgang könnte sich noch verstärken, wenn nichts unternommen wird, wie aus Kreisen der Öffentlichkeit verlautete. Anfang Januar wird die New Yorker Börse ihre Entscheidung bekannt geben, drei chinesische Unternehmen aus dem Telekommunikationssektor zu streichen, und damit die "neuen spezifischen Empfehlungen" des US-Finanzministeriums.

Jucelino Luz - spiritueller Berater und Visionär

Nashville City Hall & Public Square - Mayor's Office

100 Metro Courthouse, Nashville, TN 37201 -USA

Águas de Lindóia , February 05 of 2020

We are already in the great planetary transition. I did an approach and talk about the new era. All doctrines speak of a better world. It is certain that the world will end with evil. The evil that prevails will give way to good and even after the emergence of "the greedy, who exploit the poor, who exercise the ego and live on it; who lie, tear ethics by power, evil will always lose, exactly that, from another dimension, which we will call angelic beings, will incarnate on Earth and the wicked will have no chance to continue. They will go to inferior worlds temporarily, because God doesn't punish, it is a world of trials and atonements, the world of the future is a world of regeneration.

1. A vehicle will explode in downtown Nashville, Tennessee, in the United States (USA), at dawn on December 25, 2020. The explosion will generate "wide area" debris , and the act will be criminal and "intentional". The vehicle explosion in downtown Nashville will be felt nine blocks away, will destroy other vehicles and damage some buildings, between three to five people will be injured.;

2. A large global agreement by governments on the left party (I have nothing against them), however, We are sorry for the lives lost, but the people have been deceived , in several countries, for the application of the vaccine against Covid19, since many of them have shares, or are investors in these vaccine manufacturing companies and want to motivate vaccination in mass. Many of them will pretend people and cry, regret, asking for the mandatory vaccination - so as not to cause huge losses in their pockets. In Brazil, the numbers of Covid19 have been increasing, due to misleading motivations and false information that circulate daily in the media - if compared, the numbers officials are only increasing because everything is placed Covid 19 - according to decrees of laws created by them . A vaccine that, unfortunately, will kill more than Covid19 - without any proof of efficacy and without security for those who will take it – Those governors and lobbyists are cheating and committing crime against humanity. They are, using Covid19, and bringing panic, fear, in the sense of those lockdowns of testing honest people's capacity for obedience, in the plan to break the world economy and make people slaves to power, and it will start off as of December 2020, and total global economic imbalance between 2021 to 2022. Pity ! that uninformed and lay people, most of them will run like a herd to the slaughterhouse, when this vaccine comes out - many may have different reactions over the years, causing death and health problems!

And the Governors and lobbyists to deceive people, will say that it is death by Covid 19! "If the vaccine were that good, there would be no need to force yourself and demand its use." Many doctors, researchers, for greed and money, tore up their medical ethics will be involved in this killing of the vaccine (from Coivid 19) and many will even pretend to have had the vaccine. In Brazil, they will do anything to squeeze the Brazilians in the vaccination .... Not even in China the vaccine was approved, how can you want to vaccinate people there? They will even invent a new strain of the virus to make you more afraid! And they can do whatever they want everywhere in the world! Most tests are already contaminated to be positive, and no one, not even authorities in the world do anything. Neither investigation nor guilty of crimes committed freely. The big world coup has begun!;

3. Unfortunately, engineer Paulo José Arronenzi, will stab and kill Judge Viviane Vieira do Amaral Arronenzi, his ex-wife, at Rua Raquel de Queiroz, in Rio de Janeiro - Brazil, Paulo José will be a few meters from his body, with shaking hands but without carrying the knife he will use in crime on December 24, 2020;

4. The critical situation of dams around the world is expected to continue in 2021, and many reservoirs can dry up by 2026, and others with excess rain and storm water can yield and victimize many people around the world.;

5. China will overtake the United States to become the world's biggest economy between 2024 to 2028, it will be estimated due to the contrasting recoveries of the two countries from the COVID-19 pandemic;

6. A magnitude 6.0 earthquake will hit southern Manila, the main island of the Philippines, on December 25, 2020, 144 km deep in the city of Calatagan.

7. Protesters will start a fire at Nashville's Metro Courthouse on

8. Saturday night of May 30 of 2020. The fire will appear to start in a first-floor office building a little before 8:00 p.m. Saturday. Dozens of protesters will gather on the steps of Nashville's criminal courthouse and City Hall, and it will be after a rally and march. Demonstrators will smash windows with rocks and other material drawing a swarm of police. Tennessee black writers will talk about racism, social unrest, and the next steps

Those information above are what I have seen in my dreams.

Cordially

Prof. Jucelino Nobrega da Luz -Caixa Postal 54 -Águas de Lindóia -S.P. CEP:13940-000 Brazil

WHO Regional Office for Europe

UN City

Principal's office

Marmorvej 51

DK-2100 Copenhagen Ø   Denmark

Águas de Lindóia, February, 14 2021

I come very respectfully, to bring you information about the possibility of two new viruses, unfortunately, one of them will start in your country, so I ask your attention and research in order to avoid this big problem between 2025 to 2026. Remember that Good Spirits only provide assistance to those who serve God with humility and disinterest and who repudiate everyone who seeks in the path of Heaven a step to conquer the things of the Earth, who move away from the proud and the ambitious. In a letter sent to China in 2018, I have told them about the Covid19 virus.

Spiritual Message:

1.   A lot of innocent people in Madrid - Spain and Serbia will possibly die from an extremely rare and deadly disease caused by the Marburg virus outbreak and can be epidemic in 2025. The Marburg virus is related to another notorious virus, the Ebola virus, according to Jucelino Luz's dreams. Both viruses are members of the "filovirus" family and have high fatality rates. The fatality rate for the disease caused by the Marburg virus can be as high as 88 percent. The Marburg virus is transmitted to people from a type of fruit bat called Rousettus aegyptiacus, or the Egyptian fruit bat, Jucelino Luz says. Once a human is infected, however, the virus can be spread to other humans via direct contact with bodily fluids, or by coming into contact with surfaces and materials that have been contaminated with these fluids. [The 9 Deadliest Viruses on Earth]. The amount of time it takes for symptoms to appear after a person is infected with the virus — known as the incubation period — can vary from two to 21 days, Jucelino Luz says. But when symptoms begin, they begin abruptly and can include muscle aches and pain. About three days after symptoms begin, a person can develop gastrointestinal symptoms, including nausea, vomiting, and severe diarrhea that can persist for a week. Jucelino Luz describes patients at this phase of the infection as "ghost-like," withdrawn features, deep-set eyes, expressionless faces, and extreme lethargy. Like the Ebola virus, the Marburg virus causes a condition called severe hemorrhagic fever, which includes symptoms such as a high fever and dysfunction in the body's blood vessels, which can result in profuse bleeding. These hemorrhagic symptoms often begin between five and seven days after the onset of symptoms, according to Jucelino Luz. Blood may be found in vomit and feces, and patients may also bleed from the nose, gums, and, for women, the vagina. Bleeding at injection sites during medical treatment can be "particularly troublesome," according to his spiritual advice. The virus can also cause problems with the central nervous system, leading to confusion, irritability, and aggression, and it will be appearing in 2025 in Spain -Madrid, and Serbia, depending on its development can turn out to pandemic in 2026. - And it can kill thousands or millions of innocent people all over Europe and the entire world if Governors of those countries do nothing to avoid it (to quit it). In fatal cases, death occurs between eight and nine days after the symptoms begin, usually due to severe blood loss and shock, according to Jucelino Luz's spiritual orientation.;

2.   COVID-19 is an infectious disease that will be caused by the possible new coronavirus, which will be identified for the first time in December 2019, in Wuhan, China - it will infect more than 67,000,000, with

more than 1,600,000 deaths -Most people who will be infected (who will possibly die) have a history of diseases such as heart, kidney problems, cancer, diabetes, and so on ... however, we have diseases and other things that kill more than Covid 19, are ignored by world governors: - tuberculosis, cancer, murders, measles, Ebola, rabies, cholera, hunger, Dengue. And many laboratories will emerge to discover the vaccine for Covid19, although it may cause more deaths than the coronavirus itself, due to a lack of study, research and long-term tests, which are essential factors for the preservation of the health of each citizen. And they will ignore more in-depth and detailed research, starting to vaccinate without due scientific proof - and some will practice this "lobbying" to sell vaccines, will commit possible crimes against public health and against the safety of humanity. And they will make obscure agreements with countries where the virus came from - without showing the first and second phase tests, causing a lot of public distrust. Because, many tests, will be "false positives", which will be created to increase the number of contaminated - in the practice of crimes - lobbyists will take advantage to do business, in the sense of making money with the misfortune of others.

3. Sweden and South Korea, will be a different example because it will be based mainly on the adhesion of citizens without social distance, without closing schools or commerce. There will be no collapse of the health system, these countries have a lower death rate. The cost of social distance will be disproportionate to the severity of the disease. The lethality rate of covid-19 will be lower than those who will adopt measures of social distance. The disease that will kill around two in every 100 people infected cannot paralyze the entire society. In 2021 and 2022 we will have a major financial crisis for reasons And of those possible confinements, which could kill more people than Covid19 himself. Quarantine must be one of the most vulnerable and the resumption of general economic activity. But most of the main epidemiologists (doctors) in the world who will be linked and/or are commanded by government agencies, or professionally linked to vaccine laboratories (which will not have scientific proof), or singular interests, will say that this will lead to the death of millions of people because the health system will collapse and the victims are not always at risk. We respect, however, we don't agree - because the spiritual view shows that it will be different. And unfortunately, in 2020, we will have many interests involved that will generate huge profits for an elite in the sale of masks, breathing apparatus, tests, vaccines, and others - all of this, added to frauds, scams, tenders, and criminal decrees. Cholera rabies: infectious diseases that kill more than the coronavirus. And with Covid19, they will create fear and panic worldwide, because there will have news of deaths every day, without stopping ...:

4 The Covid 19 vaccine can kill more innocent people than the virus itself between 2021 and 2022 - therefore, we recommend a survey of more than 2 years, before the vaccine is released (with substantiated scientific evidence). And the deaths may start in Brazil, USA, England, China, Japan, Germany, France, Spain, Italy, Argentina and thus continue to spread to other countries...

I hope I'm wrong, however, that's what I noticed in my holy message. I ask you to pay attention and to take the necessary steps to protect the population and research to contain the emergence and proliferation of viruses in your country.

Cordially,

Prof. Jucelino Nobrega da Luz

Contact us

531

Verification

Your message has been submitted successfully.

Map and directions
(https://www.euro.who.int/en/about-us/contact-us/map-and-directions)

© 2021 WHO (https://www.euro.who.int/en/home/copyright-notice)

 Gmail

jucelino da Luz <jucelinodaluz1@gmail.com>

copy of letter from January 2019 -Urgent
1 message

jucelino da Luz <jucelinodaluz1@gmail.com> 7 December 2020 at 23:55
To: predstavkegradjana@predsednik.rs
Bcc: mediji@predsednik.rs, press@predsednik.rs

GENERAL SECRETARIAT OF THE

PRESIDENT OF THE REPUBLIC OF SERBIA

O/c Dear President of Serbia Aleksandar Vučić

Andrićev venac 1, 11000 Beograd. Serbia

Águas de Lindóia, January 16, 2019

I come very respectfully, to bring you information about the possibility of two new viruses, unfortunately, one of them, will start in your country, so I ask your attention and research in order to avoid this big problem between 2025 to 2026..Remember that Good Spirits only provide assistance to those who serve God with humility and disinterest and who repudiate everyone who seeks in the path of Heaven a step to conquer the things of the Earth; who move away from the proud and the ambitious. In a letter sent to China in 2018, I have told them about the Covid19 virus.

Spiritual Message :

    1. A lot of innocent people in Madrid - Spain, and Serbia will possibly die from an extremely rare and deadly disease caused by the Marburg virus outbreak and can be epidemic in 2025 The Marburg virus is related to another notorious virus, the Ebola virus, according to Jucelino Luz's dreams. Both viruses are members of the "filovirus" family and have high fatality rates. The fatality rate for the disease caused by the Marburg virus can be as high as 88 percent. The Marburg virus is transmitted to people from a type of fruit bat called Rousettus aegyptiacus. or the Egyptian fruit bat, Jucelino Luz says. Once a human is infected, however, the virus can be spread to other humans via direct contact with bodily fluids, or by coming into contact with surfaces and materials that have been contaminated with these fluids. [The 9 Deadliest Viruses on Earth]. The amount of time it takes for symptoms to appear after a person is infected with the virus — known as the incubation period — can vary from two to 21 days,Jucelino Luz says. But when symptoms begin, they begin abruptly and can include muscle aches and pain. About three days after symptoms begin, a person can develop gastrointestinal symptoms, including nausea, vomiting, and severe diarrhea that can persist for a week. Jucelino Luz describes patients at this phase of the infection as "ghost-like," with drawn features, deep-set eyes, expressionless faces, and extreme lethargy. Like the Ebola virus, the Marburg virus causes a condition called severe hemorrhagic fever, which includes symptoms such as a high fever and dysfunction in the body's blood vessels, which can result in profuse bleeding. These hemorrhagic symptoms often begin between five and seven days after the onset of symptoms, according to Jucelino Luz . Blood may be found in vomit and feces, and patients may also bleed from the nose, gums, and, for women, the vagina. Bleeding at injection sites during medical treatment can be "particularly troublesome," according to his spiritual advice. The virus can also cause problems with the central nervous system, leading to confusion, irritability, and aggression,

and it will be appearing in 2025 in Spain -Madrid, and Serbia, depending on its development can turn out to pandemic in 2026 - And it can kill thousands or millions of innocent people all over Europe and the entire world if Governors of those countries do nothing to avoid it (to quit it) In fatal cases, death occurs between eight and nine days after the symptoms begin, usually due to severe blood loss and shock, according to Jucelino Luz's spiritual orientation.;

2. COVID-19 is the infectious disease will be caused by the possible new coronavirus, which will be identified for the first time in December 2019, in Wuhan. China - it will infect more than 67,000,000, with more than 1,600,000 deaths -Most people who will be infected (who will possibly die) have a history of diseases such as: heart, kidney problems, cancer, diabetes, and so on ... however, we have diseases and other things that kill more than Covid 19 are ignored by the world governors: - tuberculosis, cancer, murders, measles, Ebola, rabies, cholera, hunger, Dengue. And many laboratories will emerge to discover the vaccine for Covid19, although it may cause more deaths than the coronavirus itself, due to a lack of study, research, and long-term tests, which are essential factors for the preservation of the health of each citizen. And they will ignore more in-depth and detailed research, starting to vaccinate without due scientific proof - and some, will practice this "lobbying" to sell vaccines, will commit possible crimes against public health and against the safety of humanity. And they will make obscure agreements with countries where the virus came from - without showing the first and second phase tests, causing a lot of public distrust. Because, many tests, will be "false positives", which will be created to increase the number of contaminated - in the practice of crimes - lobbyists will take advantage to do business, in the sense of making money with the misfortune of others..

3. Sweden and South Korea, will be a different example because it will be based mainly on the adhesion of citizens without social distance, without closing schools or commerce. There will be no collapse of the health system, these countries have a lower death rate. The cost of social distance will be disproportionate to the severity of the disease. The lethality rate of covid-19 will be lower than those who will adopt measures of social distance. The disease that will kill around two in every 100 people infected cannot paralyze the entire society. In 2021 and 2022 we will have a major financial crisis for reasons And of those possible confinements, which could kill more people than Covid19 himself. Quarantine must be one of the most vulnerable and the resumption of general economic activity. But most of the main epidemiologists (doctors) in the world who will be linked and/or are commanded by government agencies, or professionally linked to vaccine laboratories (which will not have scientific proof), or singular interests, will say that this will lead to the death of millions of people because the health system will collapse and the victims are not always at risk. We respect, however, we don't agree - because the spiritual view shows that it will be different. And unfortunately, in 2020, we will have many interests involved that will generate huge profits for an elite in the sale of masks, breathing apparatus, tests, vaccines, and others - all of this, added to frauds, scams, tenders, and criminal decrees. Cholera rabies: infectious diseases that kill more than the coronavirus. And with Covid19, they will create fear and panic worldwide, because there will have news of deaths every day, without stopping ...;

4. The Covid 19 vaccine can kill more innocent people than the virus itself between 2021 and 2022 - therefore, we recommend a survey of more than 2 years, before the vaccine is released (with substantiated scientific evidence). And the deaths may start in Brazil, USA, England, China, Japan, Germany, France, Spain, Italy, Argentina and thus continue to spread to other countries ....

I hope I'm wrong, however, that's what I noticed in my holy message. I ask you to pay attention and to take the necessary steps to protect the population and research to contain the emergence and

Herein copy of the letter of 16/01/2019 -about Marburg Fever -Urgent !

1 message

jucelino da Luz <jucelinodaluz1@gmail.com> 4 January 2021 at 21:33
To: jlsf@fis.ucm.es
Bcc: mcardaba@mspsi.es, prensa@mscbs.es, oiac@msssi.es, publicaciones@msssi.es, accesibilidad@mscbs.es, info@ecdc.europa.eu, press@ecdc.europa.eu, publications@ecdc.europa.eu, webmaster@ecdc.europa.eu

Herein copy of the letter of 16/01/2019 -about Marburg Fever -Urgent!
Prof. Jucelino Luz

3 attachments

Marburg.jpg
507K

marburg2.jpg
570K

marburg3.jpg
516K

 Gmail

jucelino da Luz <jucelinodaluz1@gmail.com>

Marburg Fever -Urgent

1 message

jucelino da Luz <jucelinodaluz1@gmail.com> 4 January 2021 at 21:27
To: contact@dpa.gr
Bcc: mf.bg@med.bg.ac.rs, office@aspher.org, SCPH.OFFICE@med.bg.ac.rs, biljana.buljugic@med.bg.ac.rs, zana.cvetkovic@zdravlje.gov.rs

Ministry of Health Pasterova 1, 11000 Belgrade

Herein copy of the letter of 16/01/2019 -about Marburg Fever -Urgent !

Prof. Jucelino Luz

3 attachments

Marburg.jpg
507K

marburg2.jpg
570K

marburg3.jpg
516K

 Gmail

jucelino da Luz <jucelinodaluz1@gmail.com>

Señor Embajador Fernando García Casas. - urgencia !
1 message

jucelino da Luz <jucelinodaluz1@gmail.com> 4 January 2021 at 22:39
To: emb.brasilia@maec.es
Bcc: sc.brasilia@maec.es

Señor Embajador Fernando García Casas.

Permítaseme presentar una copia abajo de la carta enviada al Excelentísimo Señor Pedro Sanches - Presidente de España

Como se trata de un documento muy serio para la protección y seguridad de todos los españoles y residentes en Madrid - España - sugiero que sea enviado urgentemente al Ministerio de Sanidad, al Presidente y a los Institutos de Estudios Epidémicos y Pandémicos.
Saludos,

Profe. Jucelino Luz

//

El presidente del Gobierno, Pedro Sánchez

La Moncloa

Complejo de la Moncloa. Avda. Puerta de Hierro, s/n. 28071 Madrid (España)

Águas de Lindóia, 17 de enero de 2019

Vengo muy respetuosamente, para traerles información sobre la posibilidad de dos nuevos virus, lamentablemente uno de ellos, se iniciará en su país, por lo que les pido su atención e investigación para evitar este gran problema entre el 2025 y el 2026. que los buenos espíritus sólo atienden a quienes sirven a Dios con humildad y desinterés y que repudian a todo aquel que busca en el camino del Cielo un paso para conquistar las cosas de la tierra; que se alejan de los orgullosos y ambiciosos. En una carta enviada a China en 2018, les hablé del virus Covid19.

Mensaje espiritual:

1. Mucha gente inocente en Madrid - España y Serbia posiblemente morirá de una enfermedad extremadamente rara y mortal causada por el brote del virus de Marburgo y puede ser una epidemia en 2025 El virus de Marburgo está relacionado con otro virus notorio, el virus del Ébola, según los sueños de Jucelino Luz. Ambos virus son miembros de la familia de los "filovirus" y tienen altas tasas de mortalidad. La tasa de mortalidad por la enfermedad causada por el virus de Marburg puede llegar al 88 por ciento. El virus de Marburgo se transmite a las personas a partir de un tipo de murciélago frugívoro llamado Rousettus aegyptiacus, o el murciélago frugívoro egipcio, dice Jucelino Luz. Sin embargo, una vez que un ser humano está infectado, el virus puede transmitirse a otros humanos a través del contacto directo con fluidos corporales o al entrar en contacto con superficies y materiales que han sido contaminados con estos fluidos. [Los 9 virus más mortíferos de la Tierra]. La cantidad de tiempo que tardan en aparecer los síntomas después de que una persona se infecta con el virus, conocido como período de incubación, puede variar de dos a 21 días, dice Jucelino Luz. Pero cuando los síntomas comienzan, comienzan abruptamente y pueden incluir dolores y molestias musculares. Aproximadamente tres días después de que comienzan los síntomas, una persona puede desarrollar síntomas gastrointestinales, que incluyen náuseas, vómitos y diarrea intensa que pueden persistir durante una semana. Jucelino Luz describe a los pacientes en esta fase de la infección como "fantasmales", con rasgos dibujados, ojos hundidos, rostros inexpresivos y letargo extremo. Al igual que el virus del Ébola, el virus de Marburgo causa una afección llamada fiebre hemorrágica grave, que incluye síntomas como fiebre alta y disfunción de los vasos sanguíneos del cuerpo, lo que puede provocar un sangrado profuso. Estos síntomas hemorrágicos suelen comenzar entre cinco y siete días después de la aparición de los síntomas, según Jucelino Luz. Se puede encontrar sangre en el vómito y las heces, y los pacientes también pueden sangrar por la nariz, las encías y, en el caso de las mujeres, la vagina. Sangrar en los sitios de inyección durante el

tratamiento médico puede ser "particularmente problemático", según su consejo espiritual. El virus también puede causar problemas en el sistema nervioso central, generando confusión, irritabilidad y agresión, y estará apareciendo en 2025 en España -Madrid y Serbia, dependiendo de su desarrollo puede convertirse en pandemia en 2026- Y puede matar a miles o millones de personas inocentes en toda Europa y el mundo entero si los gobernadores de esos países no hacen nada para evitarlo (para dejarlo) En casos fatales, la muerte ocurre entre ocho y nueve días después de que comienzan los síntomas, generalmente debido a graves pérdida de sangre y conmoción, según la orientación espiritual de Jucelino Luz.

2. COVID-19 es la enfermedad infecciosa que será causada por el posible nuevo coronavirus, que se identificará por primera vez en diciembre de 2019, en Wuhan, China - infectara a más de 67.000.000, con más de 1.600.000 muertes -La mayoría de personas quienes se infectarán (quienes posiblemente morirán) tienen antecedentes de enfermedades como: problemas cardíacos, renales, cáncer, diabetes, etc. sin embargo, tenemos enfermedades y otras cosas que matan a más de Covid 19, se ignoran por los gobernadores mundiales: - tuberculosis, cáncer, asesinatos, sarampión, ébola, rabia, colera, hambre, dengue. Y surgirán muchos laboratorios para descubrir la vacuna para Covid19, aunque puede causar más muertes que el propio coronavirus, por falta de estudio, investigación y pruebas a largo plazo, que son factores fundamentales para la preservación de la salud de cada ciudadano. E ignorarán investigaciones más profundas y detalladas, comenzando a vacunar sin la debida prueba científica - y algunos, practicarán este "cabildeo" para vender vacunas, cometerán posibles delitos contra la salud pública y contra la seguridad de la humanidad. Y haran acuerdos oscuros con los países de donde vino el virus, sin mostrar las pruebas de la primera y segunda fase, lo que generará mucha desconfianza en el público. Porque, muchas pruebas, serán "falsos positivos", que se crearán para incrementar el número de lobistas contaminados - en la práctica de los delitos - que aprovecharán para hacer negocios, en el sentido de ganar dinero con la desgracia ajena.

3. Suecia y Corea del Sur, serán un ejemplo diferente porque se basará principalmente en la adhesión de ciudadanos sin distancia social, sin cerrar escuelas ni comercios. No habrá colapso del sistema de salud, estos países tienen una tasa de mortalidad más baja. El costo de la distancia social será desproporcionado con la gravedad de la enfermedad. La tasa de letalidad del covid-19 será menor que la de quienes adoptarán medidas de distancia social. La enfermedad que matará alrededor de dos de cada 100 personas infectadas no puede paralizar a toda la sociedad. En 2021 y 2022 tendremos una gran crisis financiera por motivos Y de esos posibles confinamientos, que podrían matar a más personas que el propio Covid19. La cuarentena debe ser una de las más vulnerables y la reanudación de la actividad económica general. Pero la mayoría de los principales epidemiólogos (médicos) del mundo que estarán vinculados y / o comandados por agencias gubernamentales, o vinculados profesionalmente a laboratorios de vacunas (que no tendrán prueba científica), o intereses singulares, dirán que esto conducirá hasta la muerte de millones de personas porque el sistema de salud colapsara y las víctimas no siempre están en riesgo. Respetamos, sin embargo, no estamos de acuerdo, porque la visión espiritual muestra que será diferente. Y lamentablemente, en 2020, tendremos muchos intereses involucrados que generaran enormes ganancias para una élite en la venta de máscaras, aparatos respiratorios, pruebas, vacunas y otros, todo esto, sumado a fraudes, estafas, licitaciones y actividades criminales, decretos. Cólera rabia, enfermedades infecciosas que matan más que el coronavirus. Y con Covid19 crearán miedo y pánico en todo el mundo, porque habrá noticias de muertos todos los días, sin parar ....

4. La vacuna Covid 19 puede matar a más personas inocentes que el propio virus entre 2021 y 2022, por lo tanto, recomendamos una encuesta de mas de 2 años, antes de que se lance la vacuna (con evidencia científica comprobada). Y las muertes pueden comenzar en Brasil, Estados Unidos, Inglaterra, China, Japón, Alemania, Francia, España, Italia, Argentina y así seguir extendiéndose a otros países ...

Espero estar equivocado, sin embargo, eso es lo que noté en mi santo mensaje. Les pido que presten atención y tomen las medidas necesarias para proteger a la población e investigar para contener la aparición y proliferación de virus en su país.

Cordialmente.

Prof. Jucelino Nobrega da Luz --Caixa Postal 54 --Águas de Lindóia --S.P CEP: 13940-000 Brasil

**PRESIDENCIA
DEL GOBIERNO**

UNIDAD DE COMUNICACIÓN CON LOS
CIUDADANOS

Madrid, 26 de febrero de 2021

Sr. D. Jucelino Nobrega da Luz
Caixa Postal, 54
1394-000 AGUAS DE LINDOIA
BRASIL

Estimado señor:

Nos ponemos en contacto con usted en respuesta al escrito que dirige a la Presidencia del Gobierno, en el que expone sus reflexiones y sugerencias, que hemos leído con atención.

En primer lugar, nos gustaría señalar que el Ejecutivo está gestionando la peor pandemia en los últimos cien años desde la humildad, el mayor rigor científico y la unidad que requiere la situación. No obstante, tenga la seguridad de que continúa trabajando para hacer frente a la emergencia de salud pública que atraviesa nuestro país.

Respecto a sus comentarios, le sugerimos que, si lo considera oportuno, exponga sus comentarios al Ministerio de Sanidad, organismo competente en la materia, a través de las vías que encontrará en el siguiente enlace https://www.mscbs.gob.es/servCiudadanos/home.htm.

Agradeciendo sus comentarios, quedamos a su disposición y le hacemos llegar un cordial saludo,

Unidad de Comunicación con los Ciudadanos

Aviso Legal

Los datos de carácter personal que constan en su comunicación serán tratados por la Unidad de Comunicación con los Ciudadanos de Presidencia del Gobierno e incorporados a la actividad de tratamiento "Comunicación con los ciudadanos" con la finalidad de responderle.

Puede ejercitar sus derechos de acceso, rectificación, supresión y portabilidad de sus datos, de limitación y oposición a su tratamiento, así como a no ser objeto de decisiones basadas únicamente en el tratamiento automatizado de sus datos, cuando procedan, mediante el formulario https://mpr.sede.gob.es/procedimientos/index/categoria/1276, o dirigiendo un escrito postal a la Unidad de Comunicación con los Ciudadanos, ubicada en el Edificio Semillas del Complejo de la Moncloa, en Avenida Puerta de Hierro s/n 28071, Madrid.

Puede ampliar esta información en https://mpr.sede.gob.es/pagina/index/directorio/proteccion_de_datos

Señor Decano de la Facultad de Medicina -urgência !

1 message

jucelino da Luz <jucelinodaluz1@gmail.com> 17 February 2021 at 17:02
To: david.alvarez@uam.es
Bcc: ernando.artalejo@uam.es, info.doctorado.epidemiologia@uam.es, decano.medicina@uam.es, vicedecanato.medicina.investigacion@uam.es, vicedecanato.medicina.innovacion@uam.es, vicedecanato.medicina.internacional@uam.es, vicedecanato.medicina.estudiantes@uam.es, vicedecanato.medicina.clinica@uam.es, vicedecanato.medicina.academica@uam.es, administradora.medicina@uam.es, vicedecanato.medicina.profesorado@uam.es

Señor Decano de la Daculdad de Medicina
Despacho D-35 o despacho D-24D

Facultad de Medicina

Le envío una copia de una importante carta que me gustaría haber analizado Vuestra Señoría, para ayudar a algunos profesores calificados en el estudio de la virología, para evitar una catástrofe entre 2025 y 2026 (cuando Marburgo podría convertirse en una pandemia - comenzando sí en Madrid-España y cerca de Belgrado - Serbia.
Cuento con su importante apoyo, no más por el momento.
Atentamente,

Prof. Jucelino Nobrega da Luz

Mr. Dean of Faculty of Medicine
I am sending you a copy of an important letter that I would like to have analyzed Your Honor, to help some qualified professors in the study of virology, to avoid a catastrophe between 2025 and 2026 (when Marburg could turn into a pandemic - starting if in Madrid -Spain and near Belgrade - Serbia.
I count on your important support, no more at the moment.
Sincerely,

Prof. Jucelino Nobrega da Luz

5 attachments

Marburg Book 1.jpg
553K

Marburg book 2.jpg
537K

jucelino da Luz <jucelinodaluz1@gmail.com>

Señor Decano de la Universidad Keystone Academic Solutions -urgencia !
1 message

jucelino da Luz <jucelinodaluz1@gmail.com>   17 February 2021 at 16:17
To: contact@keystoneacademic.com

Keystone Academic Solutions -Urgencia!

Principal's office - urgent

Address Rolfsbuktveien 4D 1364 Fornebu, Norway

Telephone: +47 23 22 72 50

Señor Decano de la Universidad Keystone Academic Solutions

Le envío una copia de una importante carta que me gustaría haber analizado Vuestra Señoría, para ayudar a algunos profesores calificados en el estudio de la virología, para evitar una catástrofe entre 2025 y 2026 (cuando Marburgo podría convertirse en un pandemia - comenzando si en Madrid-España y cerca de Belgrado - Serbia.
Cuento con su importante apoyo, no más por el momento.
Atentamente,

Prof., Jucelino Nobrega da Luz

//

Mr. Dean of Keystone Academic Solutions University

I am sending you a copy of an important letter that I would like to have analyzed Your Honor, to help some qualified professors in the study of virology, to avoid a catastrophe between 2025 and 2026 (when Marburg could turn into a pandemic - starting if in Madrid -Spain and near Belgrade - Serbia.
I count on your important support, no more at the moment.
Sincerely,

Prof., Jucelino Nobrega da Luz

5 attachments

Marburg Book 1.jpg
553K

Marburg book 2.jpg
537K

jucelino da Luz <jucelinodaluz1@gmail.com>

Señor Decano de la Universidad Camilo José Cela -Urgent !
1 message

jucelino da Luz <jucelinodaluz1@gmail.com>   17 February 2021 at 16:37
To: info@ucjc.edu

Universidad Camilo José Cela   C/ Castillo de Alarcón, 49 · Urb. Villafranca del Castillo   28692 Madrid España

Señor Decano de la Universidad Camilo José Cela
Le envio una copia de una importante carta que me gustaría haber analizado Vuestra Señoría, para ayudar a algunos profesores calificados en el estudio de la virología, para evitar una catástrofe entre 2025 y 2026 (cuando Marburgo podría convertirse en una pandemia - comenzando si en Madrid-España y cerca de Belgrado - Serbia.
Cuento con su importante apoyo, no más por el momento.
Atentamente,

Prof. Jucelino Nobrega da Luz

Mr. Dean of Universidad Camilo José Cela
I am sending you a copy of an important letter that I would like to have analyzed Your Honor, to help some qualified professors in the study of virology, to avoid a catastrophe between 2025 and 2026 (when Marburg could turn into a pandemic - starting if in Madrid -Spain and near Belgrade - Serbia).
I count on your important support, no more at the moment.
Sincerely,

Prof.. Jucelino Nobrega da Luz

5 attachments

Marburg Book 1.jpg
553K

Marburg book 2.jpg
537K

Marburg book 7.jpg
532K

 Gmail

jucelino da Luz <jucelinodaluz1@gmail.com>

Respuesta automática: El presidente del Gobierno, Pedro Sánchez - copia de carta de enero de 2019

1 message

DPD@mpr.es <DPD@mpr.es> 8 December 2020 at 00:10
To: jucelinodaluz1@gmail.com

Este buzón ya no está en funcionamiento.

A través de https://mpr.sede.gob.es/pagina/index/directorio/proteccion_de_datos puede ampliar la información de protección de datos correspondiente a Presidencia del Gobierno, el Ministerio de la Presidencia, Relaciones con las Cortes y Memoria Democrática y sus organismos públicos.
Si desea realizar una consulta a la Delegada de Protección de Datos relacionada con los tratamientos de datos personales de Presidencia del Gobierno, el Ministerio de la Presidencia, Relaciones con las Cortes y Memoria Democrática y sus organismos públicos puede utilizar el formulario https://www.mpr.gob.es/Paginas/contacto-dpd.aspx.

Disculpe las molestias.

Este mensaje se dirige exclusivamente a su destinatario y puede contener información privilegiada o confidencial. Si no es Vd. el destinatario indicado, queda notificado de que la lectura, utilización, divulgación y/o copia sin autorización está prohibida en virtud de la legislación vigente. Si ha recibido este mensaje por error, le rogamos que lo destruya y notifique el hecho a la dirección electrónica del remitente. El correo electrónico vía Internet no permite asegurar la confidencialidad de los mensajes que se transmiten ni su integridad o correcta recepción. Ministerio de la Presidencia, Relaciones con las Cortes y Memoria Democrática no asume ninguna responsabilidad por estas circunstancias.

This message is intended exclusively for its addressee and may contain information that is CONFIDENTIAL and protected by a professional privilege or whose disclosure is prohibited by law. If you are not the intended recipient you are hereby notified that any read, dissemination, copy or disclosure of this communication is strictly prohibited by law. If this message has been received in error, please immediately notify us via e-mail and delete it. Internet e-mail neither guarantees the confidentiality nor the integrity or proper receipt of the messages sent. Ministry for the Presidency, Parliamentary Relations and Democratic Memory does not assume any liability for those circumstances.

Antes de imprimir este mensaje, asegúrese de que es realmente necesario. EL MEDIO AMBIENTE ES COSA DE TODOS.

Ministerio de la Presidencia, Relaciones con las Cortes y Memoria Democrática. <http://www.mpr.gob.es>

Igreja em San Francisco de Tovar - Saint Martin's Church (La Iglesia de San Martin)

Ao Padre Darwin Ramirez

La Colonia Tovar, Venezuela

Protocolado
18/02/2020
Jucelmo Nobrega Da Luz

Águas de Lindoia, 18 de fevereiro de 2020

Não me conheces , quero apenas seu bem , sei que tu estás bem próximo de Deus com um coração sincero e com toda a certeza que a fé traz, tendo nosso coração aspergido para nos purificar de uma consciência culpada e lavando nosso corpo com água pura, portanto, mantenha seus olhos focados , procure, estou lá! Não despreze suas circunstâncias ou afundará como Pedro ao tentar andar sobre a água, mas duvidou (Mateus 14: 28-31) .   E terás uma aprovação , ou seja, correrá perigo entre Agosto a Dezembro de 2021 , leia com atenção os presságios que escrevo abaixo.

Venezuela, chuvas fortes e destruição

1) Em torno de 20 pessoas vão morrer em cidades andinas da Venezuela, duramente atingidas pelas chuvas de 23 e 24 de agosto de 2021, na cidade de Tovar (...) e no município de Pinto Salinas, no oeste do estado de Mérida. Chuvas vão cair por várias horas no Vale dos Mocoties, região agrícola muito visitada por turistas. Rochas gigantescas vão rolar das montanhas danificando e bloqueando estradas. Além de Mérida as chuvas vão afetar outras regiões da Venezuela, incluindo a capital Caracas, teremos um aumento da vazão de rios em pelo menos seis estados. Dos estados que serão atingidos por fortes chuvas três vão estar em alerta amarelo : Apure, Amazonas e Falcón. Bolívar, Guarico e Zúlia estão em alerta vermelho . E o Padre Darwin Ramirez de San Francisco de Tovar, conseguirá se salvar saindo pela janela de seu veículo devido as tempestades na cidade .

2) Denominado oficialmente como '2021 PT', o objeto espacial passará próximo ao nosso planeta no dia 29 de agosto de 2021 , tem um diâmetro aproximado de 240 metros (dimensão pode variar). O asteroide colossal tem aproximadamente o tamanho de um campo de futebol. O corpo celeste gigante trafega atualmente em altíssima velocidade . Um outro gigante asteroide no mês de setembro de 2021, denominado oficialmente como 2021 NY1', o objeto espacial passará próximo ao nosso planeta no dia 22 de setembro de 2021. Como revelado, nos sonhos premonitórios , ele tem um diâmetro aproximado de 290 metros, trafega atualmente em altíssima velocidade.

3) Os efeitos e consequências das mudanças climáticas vão cada vez mais mostrar sua força no ano de 2021 em diante . Enquanto no Brasil serão registrados recordes de temperaturas negativas no inverno, o Hemisfério Norte sofrerá com uma onda de calor sem precedentes. Na Itália as temperaturas atingirão até 49°C e deixarão mortos , na Grécia serão registrados 586 incêndios florestais em todos os cantos do país , a ilha de Evia na Grécia, ficará completamente destruída com os mais de 500 pontos de incêndio que vão atingir o país. Na Itália, a temperatura de 49 °C será registrada na província de Siracusa vai ser o valor mais alto registrado no continente europeu, outras cidades italianas que atingirão temperaturas elevadas no mês de agosto de 2021 serão : Paterno (48 °C), Mineo (47 °C), Francofonte (46 °C) e Aragona (46 °C). Como consequência da onda de calor, durante vários dias, as chamas vão ser alimentadas pelo vento e calor assolarão as florestas italianas. E Calábria e Sicília vão ter em torno de 300 intervenções em apenas 12 horas e em La Madonia, uma região montanhosa próxima a capital siciliana, cultivos, casas e prédios industriais serão destruídos.

4) Incêndios vão devastar reservas ecológicas na Bolívia. A Bolívia lutará para impedir que incêndios se alastrem. O fogo vai devastar enormes áreas de reservas ecológicas entre 18 a 26 de Agosto de 2021 .

5) Até dia 24 de agosto de 2021 , o Japão enfrentará o caos do vírus Corona vírus , um número alto de testados positivo para o novo coronavírus no país, incluindo os aeroportos, será em torno de 22 mil casos, aumentará o cumulativo para 1.40 milhão de pessoas infectadas . Em

Kanto serão mais de 4 mil , em Tóquio quase 2 (duas) mil , em Kanagawa, mais de 1 mil e duzentas pessoas , em Chiba, quase 1400 , em Saitama, 250 pessoas, em Ibaraki, 265 em Gunma e 223 em Tochigi , serão 2.368 em Osaka, 1.079 em Hyogo, recordes em Nara com 223 e em Shiga com 235; serão 879 em Fukuoka, 287 em Hiroshima e 750 em Okinawa. Na região Tokai serão 545 em Shizuoka, 342 em Mie e recordes em Gifu, com 382 e em Aichi, com 1.617. Nagoia vai ser o pior número desta epidemia com 555 que vão ser testados positivo, serão 67 em Toyota, 63 em Ichinomiya, 95 em Okazaki e 85 em Toyohashi, entre outras que poderão aumentar ;

6) O músico **Charlie Watts** poderá morrer no dia 24 de agosto de 2021 , **Baterista** da banda de rock **Rolling Stones**. Ele é um dos membros mais antigos do conjunto e atua como batenista desde 1963. Em 2004, passou por um tratamento de câncer na garganta.(previsto em meus sonhos) Os Stones vão sair em uma nova turnê no dia 26 de setembro de 2021 e Watts vai realizar um procedimento cirúrgico. ;

7) A Colônia Tovar, uma cidade venezuelana situada 65 quilômetros ao sul de Caracas e um dos sítios muito frequentado durante os fins de semana pelos caraquenhos fechará a partir de 15 de março de 2020 , as portas aos visitantes devido a pandemia de Covid-19.

8) O Brasil , EUA , enfrentarão grandes problemas com o corona vírus -Covid19 e também com a política que será uma grande guerra entre políticos .

Alerta climático:

No mês de agosto 2021 , será o marco para autoridades compreenderem as Mudanças Climáticas causada pela ação humana no planeta poderá ser - irreversível, irremediável e irrefutável - se nada fizermos. A emissão de gases do efeito estufa e desmatamento, mostra que chegamos em um ponto absolutamente desastroso para a vida do planeta terra , venho fazendo esses alertas através de cartas e palestras desde 1969 . Ártico tem invernos cada vez mais quentes; temperatura média anual subirá até 12 º C até 2041

Os pontos entre a crise climática e as condições meteorológicas extremas: globalmente, secas que podem ter ocorrido apenas uma vez a cada 10 anos ou mais (desde o início da industrialização no mundo), agora acontecem 78% mais frequentemente. E em meio a seca implacável e ao calor recorde, as temporadas de incêndios florestais vão ser mais longas e resultarão em incêndios mais destrutivos. Muitas florestas vão começar a criar incêndios sozinhas até 2035 – se não pararmos o desmatamento . e fazer uma união global para plantação de mais árvores nativas , estamos defasados em torno de um trilhão de árvores no mundo , precisamos recuperar as florestas imediatamente.

As **últimas quatro décadas foram as mais quentes desde 1850** e que a **temperatura global já aumentou 1,09° C** desde então. A tendência é que mesmo que zeremos amanhã a emissão de gases do efeito estufa, **não conseguiremos conter um aquecimento** maior do planeta Terra - se não nos unirmos rapidamente .

Espero estar errado , no entanto, foi que vi em meus sonhos . Cuide-se , suplico-lhe .

Cordialmente,

Protocolado
18/02/2020
Jucelino Nobrega Da Luz

Professor Jucelino Nobrega da Luz -Caixa Postal 54 –Águas de Lindóia -S.P CEP:13940-000 Brasil

Teil 13 - Fallbeschreibungen mit Patienten, die mit dem Marburg-Virus infiziert sind, gibt es seit 1967, wo über 460 Fälle der Krankheit gemeldet wurden.

Es wurde viel getan, um die Pathogenese dieses Virus bei Tieren, einschließlich nichtmenschlicher Primaten, bekannt zu machen, um einer wirksamen Prophylaxe und

Behandlung der durch dieses für den Menschen so aggressive Virus verursachten Krankheit, dem hämorrhagischen Marburg-Fieber, näher zu kommen. Erste Symptome der Krankheit

da es der Grippe ähnelt, werden Familienmitglieder und Angehörige der Gesundheitsberufe dem Virus ausgesetzt, was zu neuen Krankheitsausbrüchen führen kann.

In dieser Studie konnten Aspekte im Zusammenhang mit der Pathogenese der Krankheit und viele Merkmale, die die Situation des durch das Marburg-Virus verursachten hämorrhagischen Fiebers beschreiben, geklärt werden. Man sollte immer Informationen über den Patienten einholen, wenn er/sie nach Afrika gereist ist und/oder Kontakt zu Menschen hatte, die mit dem Virus infiziert waren oder mit ihm gearbeitet haben. Die einzige Möglichkeit, eine Ansteckung zu verhindern, ist die Isolierung des Patienten.

des Patienten, Befolgung der Vorsichtsmaßregeln der Isolierung, auch bei Verdacht, und Schutzausrüstung, die eine physische Barriere gegen das Virus gewährleistet. Vor allem müssen die Verfahren der biologischen Sicherheit und der guten Praxis im Umgang mit Materialien und Abfällen befolgt werden, um die Verbreitung des Virus zu verhindern.

Die Betreuung von Patienten mit hämorrhagischem Marburg-Fieber durch das medizinische und insbesondere das pflegerische Team ist von größter Bedeutung und sollte von Teams in Risikogebieten oder infektiologischen Referenzzentren, die möglicherweise ähnliche Fälle erhalten, regelmäßig überprüft werden. Möglicherweise werden wir mit einem neuen Ausbruch des Marburg-Fiebers konfrontiert, und es müssen Maßnahmen getroffen werden, um den Verlust von Menschenleben weltweit zu verhindern.

Teil 14   - Diese andere Epidemie, die in einigen Jahren weltweit mehr als 9 Millionen Menschen töten wird

Offener Brief an Regierungsbehörden in aller Welt vom 12. September 2009

Jucelino Luz warnt in diesem Appell an die Staats- und Regierungschefs der Welt, dass neben der Epidemie durch das Coronavirus, die im Dezember 2019 am stärksten sein wird, Marburg zwischen 2025 und 2026 und das Nipah-Virus zwischen 2027 und 2029, auch ein tödliches Virus eine große Bedrohung für das menschliche Leben darstellt, das eine große Zahl von Betroffenen und Todesfällen in großem Umfang auf der ganzen Welt verursacht. Auf allen Kontinenten, einschließlich Asien, Europa und der Antarktis, gibt es bereits Aufzeichnungen darüber. Wenn sich die Auswirkungen mit der Zeit ausweiten, wird dies die Weltwirtschaft beeinträchtigen und die Armut weiter verschärfen. Wie das Coronavirus ist es ein weiterer Fall einer weltweiten Epidemie.

Jucelino Luz warnt, dass die Lage ernst ist. Jährlich sterben weltweit sieben Millionen Menschen an den Folgen der Luftverschmutzung sowie schätzungsweise 280.000 Menschen an anderen Symptomen wie Durchfall, Unterernährung und sogar der Übertragung von Tropenkrankheiten wie Malaria. Jucelino Luz schätzt außerdem, dass diese Epidemie bis zum Jahr 2035 100 Millionen Menschen in extreme Armut treiben wird und schätzungsweise 149 Millionen Menschen aufgrund ihrer Auswirkungen gezwungen sein werden, ihr Land zu verlassen.

Obwohl die Existenz dieses Virus für den Großteil der Bevölkerung ein Rätsel ist und sein Auftreten immer noch geleugnet wird, ist es für 99 % der Wissenschaftler in der ganzen Welt nicht so unbekannt, die seit Jahren vor seinen Auswirkungen warnen. Vor einiger Zeit war sie als "Klimawandel" bekannt, und heute, da sie einen noch komplexeren Grad an Ernsthaftigkeit erreicht hat, wird sie als Klimakrise bezeichnet.

Die Klimakrise betrifft alle Lebensformen, insbesondere die menschliche Spezies. Wissenschaftliche Daten zeigen, dass es die schwächsten Gruppen der Gesellschaft trifft. In den Städten werden die Randgebiete und die Gebiete mit weniger Investitionen in öffentliche Maßnahmen am stärksten betroffen sein. Außerdem ist es auch eine Frage des Geschlechts und der Hautfarbe. Jucelino Luz hat einen Brief an die Vereinten Nationen (UN) geschickt, die ebenfalls in Anlehnung an diesen visionären Kampf vor den Auswirkungen des mangelnden Bewusstseins der Menschen warnen, weshalb sie letztendlich anfälliger für Umweltzerstörung sind. Eine Studie zeigt beispielsweise, dass 85 % der Menschen, die aufgrund der Auswirkungen der Klimakrise aus ihren Häusern vertrieben werden, Frauen und Menschen mit schlechten finanziellen Bedingungen sind, die oft von ihren Führern im Stich gelassen werden.

Jucelino Luz warnt, dass dies auf die massive Freisetzung bestimmter Gase und Schadstoffe zurückzuführen ist, die in der Atmosphäre eingeschlossen sind und die globale Erwärmung verursachen. Dann kommt es zu einer Reihe von Ketteneffekten, die von großen Gletschern bis hin zu Städten und Wäldern alles betreffen. Da die Klimakrise ein enormes globales und systemisches Risiko darstellt, das sich in den nächsten Jahrzehnten - und sogar Jahrhunderten - weiter ausbreiten wird, werden zahlreiche atypische Klimaereignisse und -veränderungen auftreten. Es ist notwendig, in Strategien zur Anpassung und Abschwächung ihrer Auswirkungen zu investieren, bevor die Mehrheit der Weltbevölkerung noch mehr leidet.

In Brasilien

Auch Brasilien steht auf der Liste der Länder, die für die Klimakrise verantwortlich und von ihr betroffen sind. 2019 war mit einer durchschnittlichen Tageshöchsttemperatur von 32 Grad Celsius das wärmste Jahr, das in Brasilien verzeichnet wurde. Einige Städte erreichten im Juli 2019 eine Temperatur von 44 º C, wie zum Beispiel im Inneren von Mato Grosso do Sul. Für die Wissenschaft ist es bereits eine Tatsache, dass die Durchschnittstemperatur in Brasilien jedes Jahr ansteigt, was die immer wiederkehrenden Umweltkatastrophen im Land verschlimmert, wie z. B. noch nie dagewesene Stürme in einigen Teilen Brasiliens und intensive Dürreperioden in anderen, die sogar die Nahrungsmittelproduktion, insbesondere im Nordosten, beeinträchtigen können.

Es ist wichtig, dass die Bevölkerung besser über die Auswirkungen dieser Epidemie in ihren Regionen informiert wird. Zu Beginn des Jahres wurde beispielsweise der Südosten Brasiliens gewarnt, dass die am meisten erwartete Jahreszeit, der Sommer, weniger heiß und mit intensiveren und pünktlicheren Regenfällen ausfallen würde. Die Stürme haben sich in dieser Saison verschlimmert, und da die öffentliche Hand nicht ausreichend auf schwere Regenfälle vorbereitet ist, haben mindestens 145 Menschen ihr Leben verloren, und mehr als 4.500 wurden bei einem der großen Stürme obdachlos.

Es wird prognostiziert, dass sich das Virus in den kommenden Jahren noch stärker verändern und noch schmerzhaftere Auswirkungen haben wird. Für Brasilien ist auch die Welt betroffen, wir müssen bis 2043 handeln - wir können die Gesamtbevölkerung um bis zu 80 % reduzieren und große Verluste in wichtigen Regionen für unser Überleben erleiden. Studien über Mutationen besagen, dass der Anstieg des Meeresspiegels bis zum Jahr 2050 noch deutlicher ausfallen wird, und dies wird die Welt und auch Brasilien, das einen großen Küstenstreifen - mit etwa 8.500 km² - und 22,8 % der Bevölkerung in Küstennähe hat, stark betreffen. Diese Botschaft richtet sich an all diejenigen, die seit Jahren versuchen, in Küstennähe zu überleben. Dies kann sehr weitreichende Folgen haben, vor allem für die lokale und globale Wirtschaft und die Lebensweise der Menschen. Mit dem Anstieg des Meeresspiegels wird die Küstenbevölkerung gezwungen sein, ihre Häuser zu verlassen und sich eine neue Lebensgrundlage zu suchen, da viele von der Fischerei und ähnlichen Tätigkeiten abhängig sind. Die Folgen für die Umwelt werden ebenfalls spürbar sein, was sich drastisch auf das Ökosystem auswirken wird und die dort lebenden Biome und Arten direkt beeinflusst.

Glücklicherweise haben Wissenschaftler in ihren Studien große Fortschritte bei der Lösung dieser globalen Epidemie gemacht, ebenso wie traditionelle Völker praktische Lösungen für das Überleben der menschlichen Spezies aufgezeigt haben. Es liegt nun an den Staats- und Regierungschefs der Welt und der Region, den Unternehmen und sogar dem Finanzmarkt, auf diese Pandemie mit der nötigen Dringlichkeit zu reagieren. Die Länder müssen die beispiellose internationale Zusammenarbeit, die 2015 mit dem Pariser Abkommen begann, fortsetzen und dringend Finanzmittel bereitstellen, damit sich die bereits von dem Virus betroffene Bevölkerung an seine katastrophalen Auswirkungen anpassen und Lösungen zur Abschwächung der Folgen dieser Krise finden kann. Es muss so schnell wie möglich eine Quarantäne verhängt und von allen Ländern ein globaler Klimanotstand ausgerufen werden, um die Treibhausgasemissionen, die eine der Hauptursachen für die Klimakrise sind, zu verringern. Es geht um Leben und Tod.

Professor Jucelino Luz

Letzte Worte - was für mich der Sinn des Lebens ist!

Jeder Mensch ist ein Universum im Kleinen, jeder Mensch hat andere Bestrebungen als jeder andere seiner Art. Und ich bin der Meinung, dass in einer allgemeinen Stärkung, in der Verbesserung der allgemeinen Organisation des Individuums, muss er ein Objekt sein, muss der Umfang der pädagogischen Projekt in der Welt, in der Entwicklung in jedem einzelnen, oder in der menschlichen Wesen, Respekt für seine Mitmenschen sein.

In dem Maße, in dem jeder von uns lernt, dass die Materie, aus der jeder von uns besteht, identisch ist mit der, aus der alle anderen bestehen, und solange jeder von uns sich dessen bewusst ist, gibt es nichts, was uns an sich trennt, für uns alle, die wir Menschen sind.

Und wenn wir uns alle bewusst sind, dass das Wort "ähnlich" "zukunftsträchtig" bedeutet, werden wir uns alle besser respektieren.

Was ich als abschließende Botschaft und Lebensbeispiel für alle Menschen mitbringe, die an meinem Leben als spiritueller Lehrer und Redner teilhaben oder teilgenommen haben, das ich seit Beginn meiner Existenz verfolge, ist eine humanisierte Fürsorge und Achtung für unsere Mitmenschen;- es hat keinen Sinn zu kämpfen, wenn von "Menschenrechten", "Diktatur", "Kommunismus", "Kapitalismus" die Rede ist und mehr als die Hälfte der Weltbevölkerung hungert. Wo Kinder in Mülltonnen nach Essen suchen. Das ist absurd!

Solange dies nicht korrigiert ist, ergibt für mich nichts anderes einen Sinn.

Und in dieser Botschaft, die ich überbringe, sehen Sie sich das andere Individuum an, denn der Unterschied zwischen einem Hausmeister und einem Wissenschaftler ist nur ein Unterschied in der Information - denn der Hausmeister hat wenig Bildung, oft aufgrund von Diskriminierung durch die Gesellschaft selbst, und er (sie) weiß nur, wie man den Boden putzt, dennoch ist diese Person genauso nützlich wie der Wissenschaftler. Er (sie) hat ein Recht auf ein würdiges Leben. Für mich ist das der Sinn des Lebens!

Wenn ich mich nicht mehr nützlich fühle, wenn ich das Gefühl habe, dass ich nur an mich selbst denke, dann habe ich kein Recht mehr, hier zu sein.

Professor Jucelino Luz

Die veröffentlichten Bücher und ihr Zweck schlagen vor:

Jucelinos Ziel ist es nicht, dass seine Vorhersagen eintreffen. Sein größter Wunsch ist, dass sie nicht eintreten und dass die Leser seiner Briefe - also wir - seine Vorhersagen beherzigen, um den herannahenden Zeitplan abzumildern oder sogar umzukehren. Jucelino versichert uns, dass es keine absoluten Vorgaben gibt und dass im Menschen die Möglichkeit der Evolution besteht. Aber wie soll das gehen? Ein Kurswechsel erfordert eine Evolution, eine tief greifende Veränderung unserer Denk- und Handlungsweise hin zu mehr Bewusstsein und Verantwortung. Homo conscientes werden: Sind wir bereit? Weil Sie es jetzt sind!

Wenn Sie eine beliebige Ausgabe dieser Bücher bei sich zu Hause haben möchten, wenden Sie sich einfach an den unten genannten Vertreter:

Englische, deutsche, Spanisch, japanische und portugiesische Version

Ansprechpartner Martin Mosquera

martincd_mosquera@hotmail.com

+55-62-982006505

WhatsApp/ Telegram/ signal

Bücher

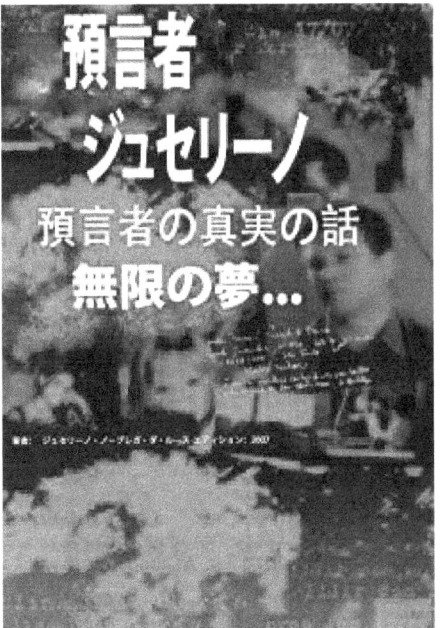

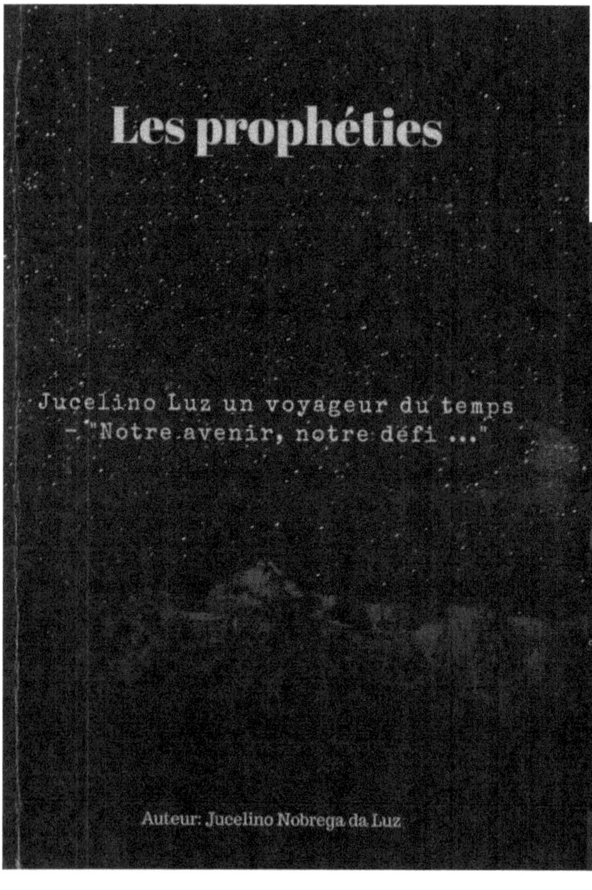

Edição em E-BOOK nos EUA - www.veritasradio.com

Amen Chung：-Hong Kong /China/ Taiwan /Macau

Prophet Jucelino Nobrega da Luz (in Brazil) (jnl-asia.com)

Die Welt nach -2020-2043

Jucelino Nobrega da Luz, der von einigen internationalen Medien als "Prophet des 21. Jahrhunderts" bezeichnet wird, hat fast 100.000 warnende Briefe geschrieben. Seit seinem neunten Lebensjahr hat er bis zu neun "Träume" pro Nacht, sechs Nächte pro Woche. Seine "Träume" ermöglichen es ihm, mit unbestreitbarer Genauigkeit über Ereignisse in der ganzen Welt zu berichten.

Seit fünfzig Jahren schickt er Briefe an berühmte Persönlichkeiten wie Elvis Presley, Prinzessin Diana, Michael Jackson oder Johnny Hallyday, an politische Persönlichkeiten wie Nelson Mandela, Barack Obama, Angela Merkel, aber auch an viele Fluggesellschaften, um sie vor zukünftigen Flugunfällen zu warnen, mit Details wie der Ursache des Ausfalls und der Flugnummer. So warnte Jucelino George Bush 1989 vor dem Anschlag auf das World Trade Center und sagte auch den Anschlag auf Charlie Hebdo, den Brand von Notre Dame de Paris sowie klimatische Ereignisse wie die Atomexplosion voraus von Fukushima im Jahr 2011 oder die Coronavirus-Epidemie, die er 2006 in beeindruckender Ausführlichkeit ankündigte: "Das Coronavirus mit dem Namen Covid 19 beginnt am 12. September 2019 in Wuhan, China, wird aber erst am 31. Dezember 2019 entdeckt; es breitet sich überall sehr schnell aus, mit Tausenden von Todesfällen [...] im Jahr 2020 weltweit. " (Schreiben vom 12. Dezember 2006). Jucelino ist der Einzige, der das Auftreten des Coronavirus dreizehn Jahre vor dem ersten Ausbruch in China vorausgesagt hat.

Dieses Buch enthält auch viele Briefe, die unsere Zukunft ab 2020 betreffen: die Ergebnisse der nächsten amerikanischen Präsidentschaftswahlen, die Zukunft der Europäischen Union und der Weltwirtschaft, Konflikte, Anschläge, zahlreiche Folgen der globalen Erwärmung und viele andere Ereignisse bis 2043.

Jucelinos Ziel ist es nicht, dass seine Vorhersagen eintreffen. Sein größter Wunsch ist, dass sie nicht eintreten und dass die Leser seiner Briefe - also wir - seine Vorhersagen beherzigen können, um die kommende Zeitlinie zu glätten oder sogar umzukehren. Jucelino versichert uns, dass es keine absoluten Vorgaben gibt und dass im Menschen die Möglichkeit der Evolution besteht. Aber wie soll das gehen? Der Wandel erfordert natürlich eine Evolution, eine tiefgreifende Veränderung unserer Denk- und Handlungsweise hin zu mehr Bewusstsein und Verantwortung. Homo-Bewusstsein: Sind wir bereit? Weil es jetzt ist!

Die Welt nach 2020-2043

Jucelino Nobrega da Luz, der von einigen internationalen Medien als "Prophet des 21. Jahrhunderts" bezeichnet wird, hat fast 100.000 warnende Briefe geschrieben. Seit seinem neunten Lebensjahr hat er bis zu neun "Träume" pro Nacht, sechs Nächte pro Woche. Seine "Träume" ermöglichen es ihm, mit unbestreitbarer Genauigkeit über Ereignisse in der ganzen Welt zu berichten.

Seit fünfzig Jahren schickt er Briefe an berühmte Persönlichkeiten wie Elvis Presley, Prinzessin Diana, Michael Jackson und Johnny Hallyday, an politische Persönlichkeiten wie Nelson Mandela, Barack Obama und Angela Merkel sowie an zahlreiche Fluggesellschaften, um sie vor zukünftigen Flugzeugabstürzen zu warnen und ihnen Details wie die Fehlerursache und die Flugnummer mitzuteilen. Jucelino warnte George Bush bereits 1989 vor dem Anschlag auf das World Trade Center und sagte auch den Anschlag auf Charlie Hebdo, den Brand von Notre Dame de Paris sowie klimatische Ereignisse wie die Nuklearexplosion in Fukushima 2011 oder die Coronavirus-Epidemie voraus, die er bereits 2006 mit beeindruckenden Details ankündigte: "Das Coronavirus mit der Bezeichnung Covid

19 beginnt am 12. September 2019 in Wuhan, China, wird aber erst am 31. Dezember 2019 entdeckt; es breitet sich überall sehr schnell aus und führt zu Tausenden von Todesfällen [. auf der ganzen Welt bis 2020". (Schreiben vom 12. Dezember 2006). Jucelino ist der Einzige, der das Auftreten des Coronavirus dreizehn Jahre vor dem ersten Ausbruch in China vorausgesagt hat.

Dieses Buch enthält auch viele Briefe, die unsere Zukunft ab 2020 betreffen: die Ergebnisse der nächsten amerikanischen Präsidentschaftswahlen, die Zukunft der Europäischen Union und der Weltwirtschaft, Konflikte, Anschläge, viele Folgen der globalen Erwärmung und viele andere Ereignisse bis 2043.

Jucelinos Ziel ist es nicht, dass seine Vorhersagen eintreffen. Sein größter Wunsch ist, dass sie nicht eintreten und dass die Leser seiner Briefe, also wir, seine Vorhersagen berücksichtigen können, um die kommende Zeitlinie abzumildern oder sogar umzukehren. Jucelino versichert uns, dass es keine absoluten Vorgaben gibt und dass die Möglichkeit der menschlichen Evolution besteht. Aber wie machen wir das? Die Änderung unseres Kurses erfordert eine Evolution, eine tiefgreifende Änderung unserer Denk- und Handlungsweise hin zu mehr Bewusstsein und Verantwortung. Homo-Bewusstsein: Sind wir bereit? Weil es jetzt ist!

Kontakt:

FREUDE, LIEBE UND LICHT

⌘ IMANNA ⌘

   cel: +33(6) 58 90 23 43

e-mail: Imanna13.20@gmail.com

  https://anahata-editions.fr/le-monde-dapres/

  imanna Light   -   Accueil - Jucelino da Luz

Teil 15 - Das Ende der Menschheit ist bereits in den Steinen des Bewusstseins festgelegt, was durch eine erzieherische Entwicklung und den richtigen Einsatz ihrer Intelligenz vermieden werden kann.

Der Homo sapiens erschien vor mindestens hunderttausend Jahren und die Zivilisation wiederum vor einigen tausend Jahren. Diese Zeiträume sind viel länger als unsere kurze Lebenszeit und in einer Galaxie von 14 Milliarden Jahren sogar kürzer als ein kosmischer Puls. Und im Gegensatz zu Galaxien, die einen Urknall brauchen, um auseinanderzubrechen, sind Menschen zerbrechliche Geschöpfe, die anfällig für Krankheiten, Hungersnöte, Kriege, Meteoriten... ja, wir sind sehr erbärmlich, weil wir wissentlich zerstören.

Die Apokalypse scheint mehr und mehr unvermeidlich. Wir haben bereits darüber berichtet, dass unsere lieben Führer sich darum streiten, wer einen Atomkrieg anzettelt, dass Superinsekten mit Antibiotika nicht auszurotten sind und dass Regierungen sich auf den Asteroiden vorbereiten, der uns zu Fossilien wie die Dinosaurier machen wird. Um diesen Stress abzubauen, fragen wir Futuristen, Anthropologen, Science-Fiction-Autoren und andere: Wann wird die Menschheit endlich ausgerottet?

Derzeit ist der wahrscheinlichste Grund für das Aussterben der Menschheit eine vom Menschen verursachte Katastrophe. Zwar gibt es immer noch Naturgefahren (Meteoriteneinschläge, Gammastrahlenausbrüche, eine grimmige Epidemie...), aber sie sind geringer als von Menschen verursachte Katastrophen wie ein Atomkrieg, biologische Waffen, chemische Waffen oder die Zerstörung der zivilen und ökologischen Infrastruktur, die wir zum Überleben brauchen. Einige wachsende Technologien wie künstliche Intelligenz, der Missbrauch von synthetischen Biologika oder sich vermehrende Maschinen könnten in naher Zukunft ebenfalls neue Bedrohungen hervorbringen.

Die Katastrophe, die uns möglicherweise ereilen wird, ist eine Kombination aus mehreren Arten: eine Katastrophe, die die große Mehrheit der Menschen tötet und die Überlebenden verwundbar zurücklässt, und etwas anderes, das die ganze Situation noch schlimmer macht, bis wir alle ausgestorben sind.

Die Wahrscheinlichkeit, dass dies geschieht, ist nahezu ungewiss. Schätzungen gehen von einer 45- bis 55-prozentigen Wahrscheinlichkeit aus, dass dies im nächsten Jahrhundert der Fall sein wird, Forscher vermuten ein 29-prozentiges Risiko und Berechnungen gehen von 19 Prozent aus. Die Wissenschaft ist sich nicht sicher, aber das Potenzial ist groß genug, um anzunehmen, dass wir eher durch ein Aussterben als durch ein Zugunglück ausgelöscht werden. Wenn das stimmt, dann sollten wir damit rechnen, dass die Menschheit in den nächsten Jahrzehnten oder Jahrhunderten ausstirbt.

Aber was ist, wenn wir diese Risiken tatsächlich verringern, was dann? Säugetierarten überleben etwa 1 bis 3 Millionen Jahre. Wenn wir also eine normale Spezies sind, haben wir etwa 900.000 bis 2 Millionen Jahre Zeit (da es die Menschheit seit etwa 300.000 Jahren gibt).

Aber der Homo sapiens ist keine ganz normale Spezies. Wir sind ungewöhnlich bevölkerungsreich und sehr verstreut (obwohl wir viel Nahrung und sehr lange Generationen brauchen). Vielleicht sind wir besonders ausdauernd, da wir uns an fast jeden Lebensstil anpassen können. Das kann bedeuten, dass es unwahrscheinlich ist, dass wir aussterben, es sei denn, es kommt zu einer massiven Dezimierung, die wir nicht kontrollieren können. So etwas passiert in der Regel alle 110 Millionen Jahre, was für unsere Spezies eine sehr lange Lebensspanne bedeuten würde.

Aber wir sind auch eine technologische Spezies. Wir sind in der Lage, uns ohne große Verzögerung anzupassen, und die Besiedlung des Weltraums scheint nicht mehr unmöglich. Selbst wenn es jetzt nicht passiert, ist es seltsam zu sagen, dass wir es in den nächsten Jahrtausenden nicht tun würden. Wenn wir erst einmal zu Multi-Planeten werden, nimmt dieses Risiko enorm ab - es wird unabhängige, autarke Gruppen von Menschen über Tausende von Entfernungen geben. Sobald wir uns von Sonnenlicht und Asteroidenregolith ernähren können, können wir Teil der großen ökologischen Nische sein, die seit Tausenden von Jahren stabil geblieben ist.

In einigen Milliarden Jahren wird die Sonne beginnen, sich in einen Roten Riesen zu verwandeln. Das wäre das Ende der Menschen auf der Erde (aber einige könnten mehr Zeit sparen, indem sie auf andere Planeten umziehen). Doch bis es soweit ist, werden wir höchstwahrscheinlich zu anderen Sternen umgezogen sein, entweder mit Generationenschiffen oder indem wir Roboter aussenden, um neue Zivilisationen aufzubauen, oder indem wir zu nicht-organischen Postmenschen werden, die diese Reise antreten können. Selbst bei langsamer Expansion wird die Milchstraße in einigen zehntausend Jahren kolonisiert sein, und auch eine intergalaktische Kolonisierung scheint möglich (abgesehen von der sich beschleunigenden Expansion des Universums, die unsere Ausdehnung begrenzen wird - viel weniger, wenn wir langsam sind). Diese Art der Ausbreitung bedeutet, dass das lokale Aussterben irrelevant ist: Es wird immer jemanden geben, der die Reise mit der Fackel fortsetzt.

Langfristig gesehen brennen Sterne aus und hören auf zu existieren (in ein paar Billionen Jahren), und das ist auch das Ende des Lebens eines normalen Planeten. Wir können eine künstliche Heizung schaffen, die viel länger hält, aber die Energie wird mit der Zeit knapp werden. Ein Leben als Software würde uns in diesem eisigen Szenario eine große Zukunft bieten, aber es wäre auch endlich: Irgendwann ist die Energie aufgebraucht. Andernfalls hätten wir immer noch das Problem der Instabilität der Materie aufgrund des Protonenzerfalls in Zeiträumen von mehr als 10^{36} Jahren - eines Tages wird es nichts mehr geben, aus dem Menschen entstehen könnten. Dies ist möglicherweise die Grenze.

Eine andere Antwort ist, dass sich die Menschheit lange vor diesem Ereignis bereits so stark verändert haben wird - durch zufällige genetische Mutationen, Selektionseffekte oder absichtliches Engineering -, dass sie zu einer neuen Spezies geworden sein wird. Auf diese Weise wird unsere Spezies nie aussterben, sie wird nur das glückliche Ende haben, etwas Neues, vielleicht sogar Besseres zu werden.

Nordkorea hat gerade eine Rakete auf Japan abgefeuert, und die Person, an die sich die Welt in Krisenzeiten in Führungsfragen wenden würde - der Präsident der Vereinigten Staaten - ist eine Dekompensation, aber ich bin immer noch ein Optimist. Nachrichten über das bevorstehende Aussterben der Menschheit sind immer übertrieben, um es mit Mark Twain zu sagen.

Wir sind eine sehr widerstandsfähige Gruppe, die sich über alle Kontinente erstreckt, so dass es viel Mühe kosten würde, mit uns allen auf einmal zu verschwinden. Es gibt jedoch Gründe, dieses Jahrhundert mit einer gewissen existenziellen Vorsicht fortzusetzen, wenn wir eine globale Zivilisation wertschätzen wollen. Wenn wir das Jahr 2100 erreichen, könnten die Außerirdischen, die uns beobachten, zu dem Schluss kommen, dass es intelligentes Leben auf der Erde gibt, und uns einen einfachen Applaus spenden.

Die Haupthindernisse am Ende dieses Jahrhunderts sind gewaltig: eine technologisch fortgeschrittene Zivilisation, die in der Lage und willens ist, sich mit einer einzigen Atombombe selbst zu vernichten; unverschämtes Glück in Form von unangenehm großen

Asteroiden, Gammastrahlenausbrüchen, ansteckenden Krankheiten und Supervulkanausbrüchen. Letzteres würde unseren Planeten in einen dunklen vulkanischen Winter stürzen, der unser Leben und das globale Ernährungssystem zerstören würde.

Im Falle des ersten - unseres eigenen Handelns - bin ich überzeugt, dass die Zivilisation auch nach Ausschöpfung aller Alternativen das Richtige tun wird. Wir leben im Anthropozän. Die Zukunft liegt in unserer Hand. Die Frage nach der ersten Kolonie auf dem Mars lautet nicht mehr "was wäre wenn", sondern "wann". Dies wird uns über Nacht zu einer multiplanetaren Spezies machen. Dies allein wird unser Risiko, mittelfristig auszusterben, erheblich verringern, da eine Kolonie im Prinzip nicht selbstversorgend sein wird und von der Versorgung durch die Erde abhängig ist.

Doch es gibt ein Problem. Das Anthropozän zeichnet sich durch seine Geschwindigkeit, Größe, Vernetzung und Überraschung aus. Alle neuen Technologien, ob künstliche Intelligenz oder Nanotechnologie, haben unbeabsichtigte Folgen. Wenn die unbeabsichtigten Folgen im Anthropozän schneller zunehmen, als sie sollten, stehen wir bald vor einem Problem von der Größe unseres Planeten. Besorgniserregend ist die Beschleunigung der Innovation. Vielleicht werden die letzten Worte, die auf der Erde gesprochen werden, lauten: "Ich wusste, dass das funktionieren kann".

In den 300 000 Jahren, in denen es den Homo sapiens gibt, gab es einige Momente, in denen wir nur knapp dem Aussterben entgangen sind. Ein solcher Moment war vor etwa 75.000 Jahren, als die Zahl der fruchtbaren Homo sapiens auf nur noch 11.000 sank. Diese Tatsache steht möglicherweise im Zusammenhang mit dem Vulkanausbruch von Toba - dem größten Ausbruch seit 2,6 Millionen Jahren - der einen vulkanischen Winter ausgelöst hätte, der den gesamten Planeten möglicherweise über Jahre hinweg umhüllt hätte. Jüngsten Forschungsergebnissen zufolge hielten einige Ausbrüche sogar noch 25 000 Jahre nach dem ersten Ausbruch an. Diese Theorie wird jedoch immer wieder angezweifelt.

Das zweite Mal, dass wir dem Aussterben entgangen sind, ist etwas länger her und hängt mit unserer Vorliebe für kalte Kühlmittel zusammen. Im Jahr 1928 entwickelten Wissenschaftler neue "sichere" Chemikalien für Kühlschränke und Klimaanlagen - FCKW. Aber das erste C in FCKW ist ein sehr reizendes Element, nämlich Chlor. Diese Chemikalien, die den Wissenschaftlern und ihren Top-Magnaten offenbar unbekannt waren, hatten einen unersättlichen Appetit auf Ozon in der Atmosphäre. Genauer gesagt, die Ozonschicht, die seit Milliarden von Jahren das Leben auf der Erde schützt. Ohne sie hätte die Strahlung der Sonne die Oberfläche des Planeten bereits sterilisiert. Selbst die Schwächung dieses Schildes würde die Ernte schädigen, so dass unser Überleben fraglich wäre, selbst wenn wir mit Sonnencreme eingeschmiert wären. Als in den 1979er Jahren das Ozonloch entdeckt wurde, einigten sich die Staaten auf ein Verbot von FCKW-Gasen, wodurch die Katastrophe teilweise abgewendet werden konnte.

Hätten wir das Ozonloch nicht bemerkt oder beschlossen, es zu ignorieren, stünden wir am Ende dieses Jahrhunderts vor einer viel größeren Katastrophe als einer heißen Limonade. Schlimmer noch: Hätte man das Chlor gegen seinen noch schrecklicheren und weniger stabilen Bruder, das Brom, ausgetauscht - eine völlig logische Wahl, die die Limonaden genauso kalt gehalten hätte -, wäre der Untergang des Homo sapiens früher als erwartet eingetreten. Die ozonabbauenden Eigenschaften von Brom sind fast hundertmal schlechter als die von Chlor. In den 1970er Jahren hätte die Ozonschicht auf dem gesamten Planeten eine Katastrophe auslösen können, so Paul Crutzen, dessen Arbeiten über Ozon mit dem Nobelpreis ausgezeichnet wurden.

Neue Umweltrisiken sind so dringend geworden wie die Ozonschicht. Wir haben alle Alternativen zu Treibhausgasemissionen ausgeschöpft. Wir müssen diese Emissionen in jedem Jahrzehnt halbieren, sonst laufen wir Gefahr, die 4°C-Schwelle zu überschreiten. Manche behaupten sogar, dass die industrialisierten Gesellschaften die Erde so stark schädigen könnten, dass das Klima außer Kontrolle gerät und unbewohnbar wird, wie es auf der Venus der Fall ist. Dieses Beispiel mag unerreichbar sein, aber ohne drastische Maßnahmen zur Verringerung der Emissionen werden die globalen Temperaturen gefährliche Werte für unsere Zivilisation erreichen.

Die Erde war schon viel wärmer, aber ein Zustand wie auf der Venus ist noch nicht eingetreten, wie Sie sehen können. Ohne den Import von Kohlenstoffbrennstoffen aus anderen Teilen des Sonnensystems werden fossile Brennstoffe wahrscheinlich verschwinden, hoffentlich bevor die Erde das Niveau der Venus erreicht. Der Weltraumbergbau ist noch sehr neu, aber wir können seine Möglichkeit nicht ignorieren. Außerdem ist im Anthropozän nichts so klar wie das: Der derzeitige Zustand der Erde ist beispiellos.

Die Veränderungsrate des Erdsystems ist nun eine Funktion der Menschheit und beschleunigt sich. Die Ozeane versauern so schnell wie seit 300 Millionen Jahren nicht mehr. Das Kohlendioxid dringt jetzt schneller in die Atmosphäre ein als beim größten Artensterben in der Geschichte dieses Planeten vor 260 Millionen Jahren. Zur Erinnerung: Die Welt hat über 80 % ihrer Meeresarten verloren, und es dauerte 10 Millionen Jahre, bis sie sich wieder erholt hatten. Aber, geistiger Bruder, als sie sich erholte, ging es noch viel weiter - Dinosaurier tauchten auf.

In der Erdgeschichte hat es fünf Massenaussterben gegeben. Dieser letzte, vor 65 Millionen Jahren, beendete das Reich der Dinosaurier. Gegenwärtig verliert der Planet Arten mit der gleichen Geschwindigkeit wie Massenaussterben: Wir stehen am Beginn eines sechsten Massenaussterbens und eine einzige Art ist dafür verantwortlich: wir. Dies ist wichtig, weil die biologische Vielfalt für die Stabilität des Lebenssystems auf der Erde - der Atmosphäre, der Ozeane, der Eisschilde, des Wasserkreislaufs und des Lebens - unabdingbar ist und sich die Veränderungen in diesem Kreislauf beschleunigen (dies ist die Grundlage der Anthropozän-Forschung, über die wir gesprochen haben). Und das muss unsere globale Zivilisation beunruhigen, denn die Zivilisation - Bauernhöfe, Städte, Demokratie, Gesetze, Technologie - ist dank einer relativ stabilen Erde entstanden. Es gibt drei Möglichkeiten, diese Beschleunigung zu stoppen: 1) Änderung unserer Gewohnheiten, 2) gegenseitiger Respekt zwischen den Menschen, 3) der Zusammenbruch der Zivilisation. Aber wenn die Zivilisation zusammenbricht, bedeutet das nicht unbedingt, dass der Homo sapiens das gleiche Ende findet wie die Dinosaurier.

Vor über 20 Jahren erklärte der Visionär, dass die Kollision unserer Galaxie mit Andromeda - dem nächsten Nachbarn der Milchstraße - unvermeidlich ist und in etwa vier Milliarden

Jahren stattfinden wird. Ermöglicht wurde diese Vorhersage durch Astralreisen, bei denen er die Bewegung der 2,6 Millionen Lichtjahre entfernten Andromeda beobachtete. Die beiden Galaxien ziehen sich dank der zwischen den Körpern wirkenden Schwerkraft gegenseitig an.

Unser Sonnensystem ist nicht in Gefahr, durch diesen Einschlag astronomischen Ausmaßes zerstört zu werden, aber wir werden nicht völlig unbeschadet davonkommen: Die Sonne wird wahrscheinlich in eine neue Region unserer Galaxie "gezogen" werden und die Erde wird sicherlich die Auswirkungen der Verschiebung unseres Sternenkönigs zu spüren bekommen - wenn wir Menschen unseren Planeten nicht vorher zerstören. Selbst die Sonne wird aufgrund der stattfindenden Umwandlungen weder vorher noch nachher überleben - eines Tages wird sich die Sonne von einem kalten Riesenstern in einen kleinen, heißen Stern, einen "Weißen Zwerg", verwandeln.

Für den Visionär wird sich dieses kosmische Ereignis ähnlich wie ein Baseballspiel abspielen, bei dem die Milchstraße der Schlagmann wäre, der auf einen Ball wartet - das wäre die Andromeda-Galaxie. Aber in diesem Fall wird unsere Galaxie Milliarden von flammenden "Bällen" in Form von Sternen erhalten, die viel größer sind als die der Erde.

Andromeda segelt mit einer Geschwindigkeit von 402.388 Kilometern pro Stunde durch den Kosmos auf die Milchstraße zu, und die Kollision wird unseren Blick auf den Nachthimmel in einer Weise verändern, die kein Mensch in der Geschichte seiner Existenz je gesehen hat. Der gesamte Vereinigungsprozess zwischen den beiden benachbarten Galaxien wird schätzungsweise noch zwei Milliarden Jahre dauern, und das Endergebnis wird eine neue Supergalaxie in elliptischer Form sein.

Wie all dies in Zukunft geschehen wird

In 3,80 Milliarden Jahren wird sich der Blick auf den Himmel von der Erde aus verändern, wenn sich die eindringende Galaxie nähert:

260 Millionen Jahre nach dem Beginn der Kollision werden wir die "Überreste" des kosmischen Unfalls sehen, wodurch unser Himmel noch voller Sterne und Farben sein wird, die wir beobachten können:

Die Geschichten über das bevorstehende Aussterben der Menschheit sind zwar etwas übertrieben, aber nicht unmöglich, denn das Anthropozän ist ein Novum in der Geschichte der Menschheit. Stellen Sie sich auf eine nahe Zukunft voller Herausforderungen ein.

Es kann sein, dass die Kollision bereits stattfindet...

... und wir haben es noch nicht einmal bemerkt. Das liegt daran, dass 2015 ein Halo aus heißem Gas - auch Halo genannt - um die Andromeda-Galaxie beobachtet wurde. Dieser Halo misst eine Million Lichtjahre im Weltraum, so die Wissenschaftler, die Daten von weit entfernten Quasaren analysierten, die mit dem Hubble-Weltraumteleskop aufgenommen wurden. Außerdem hat die Milchstraße einen Halo, der ähnlich groß ist wie der ihrer

Nachbargalaxie - was bedeutet, dass die beiden Gashalos seit mehr als 5 Jahren in Kontakt stehen müssen. In der Zwischenzeit sollten wir etwas Nettes für unseren Nachbarn tun.

Teil 16 - Pharmazeutische Unternehmen in der Forschung auf der ganzen Welt.

Keines der weltgrößten Pharmaunternehmen ist auf die nächste Pandemie vorbereitet, trotz der zunehmenden Reaktion auf die aktuelle Sars-Cov-19-Pandemie. Wir weisen darauf hin, dass der Ausbruch des Nipa-Virus in China mit einer Sterblichkeitsrate von bis zu 79 % das nächste große Epidemierisiko darstellen könnte.

"Trotz der zunehmenden Reaktion auf die aktuelle Sars-Cov-19-Pandemie weisen wir darauf hin, dass ein Ausbruch des Nipah-Virus in China mit einer Sterblichkeitsrate von bis zu 79 % die nächste große Gefahr darstellt, die von diesem Virus ausgehen könnte.

"Das Nipah-Virus ist eine weitere neu auftretende Infektionskrankheit, die Anlass zu großer Sorge gibt", so Visionary. "Nipah könnte jederzeit explodieren". Die nächste Pandemie könnte eine arzneimittelresistente Infektion sein", so der Prophet weiter.

Aus den Ergebnissen und den Vorzeichen von 20 großen Pharmaunternehmen (wie GSK und Pfizer) und der Verfügbarkeit ihrer Medikamente für 82 Krankheiten in Ländern mit niedrigem und mittlerem Einkommen. Die Bemühungen des Unternehmens zur Entwicklung neuer Medikamente zielen weiterhin auf eine Handvoll Krankheiten ab, darunter HIV/AIDS, Tuberkulose, Malaria, Covid-19 und Krebs.

Ansteckende Krankheiten

Nipah (ein Virus, das in leichten Fällen Atemwegssymptome hervorruft, in schweren Fällen jedoch eine Gehirnentzündung, die so genannte Enzephalitis, verursachen kann, die tödlich verlaufen kann) ist laut Omens eine von zehn der 16 Infektionskrankheiten, die von der Weltgesundheitsorganisation (WHO) als größtes Risiko für die öffentliche Gesundheit eingestuft werden und nicht Teil der Forschungsprojekte der Pharmaunternehmen sind.

Das in Afrika südlich der Sahara verbreitete Rifttalfieber sowie Mers und Sars, durch Coronaviren hervorgerufene Atemwegserkrankungen, die eine viel höhere Sterblichkeitsrate als Covid-19 aufweisen, aber weniger ansteckend sind, können ebenfalls einbezogen werden.

Gegen das von Mücken übertragene Chikungunya-Virus, das sich in den letzten Jahren in Amerika, Afrika und Indien rasant ausgebreitet hat, werden derzeit vier Produkte entwickelt: ein Impfstoff, ein Medikament, ein Diagnostikum und ein neues Aerosol-Insektizid von Bayer, das auch gegen Dengue und Zika wirkt.

Jucelino Luz warnte auch, dass eine mögliche Pandemie der Antibiotikaresistenz (AMR) die globale Norm ist, nicht nur "undenkbar, sondern unvermeidlich, wenn die Pharmaindustrie sich nicht ernsthaft verpflichtet, Ersatzantibiotika zu entwickeln". Nipah ist eine weitere aufkommende Infektionskrankheit, die Anlass zu großer Sorge gibt", sagte der Visionär. Nipah könnte jederzeit explodieren. Die nächste Pandemie könnte eine arzneimittelresistente Infektion sein", so der Prophet weiter.

Anhand der Ergebnisse und ihrer Vorzeichen von 20 großen Pharmaunternehmen (wie GSK und Pfizer) und der Verfügbarkeit ihrer Medikamente für 82 Krankheiten in Ländern mit niedrigem und mittlerem Einkommen. Die Bemühungen des Unternehmens um die Entwicklung neuer Medikamente richten sich weiterhin auf eine Handvoll Krankheiten, darunter HIV/AIDS, Tuberkulose, Malaria, Covid-19 und Krebs.

Infektionskrankheiten weltweit

Nipah (ein Virus, das in leichten Fällen Atemwegssymptome hervorruft, in schwereren Fällen jedoch eine Gehirnentzündung, die so genannte Enzephalitis, verursachen kann, die tödlich verlaufen kann) ist laut Omen eine von 10 der 16 Infektionskrankheiten, die von der Weltgesundheitsorganisation (WHO) als größtes Risiko für die öffentliche Gesundheit identifiziert wurden und nicht Teil der Forschungsprojekte von Pharmaunternehmen sind

Auch das Rifttalfieber, das in Afrika südlich der Sahara zusammen mit Mers und Sars auftritt, eine durch Coronaviren verursachte Atemwegserkrankung, die eine viel höhere Sterblichkeitsrate als Covid-19 aufweist, aber weniger ansteckend ist, kann einbezogen werden.

Gegen das von Mücken übertragene Chikungunya-Virus, das sich in den letzten Jahren in Amerika, Afrika und Indien rasant ausgebreitet hat, werden derzeit vier Produkte entwickelt: ein Impfstoff, ein Arzneimittel, ein Diagnoseinstrument und ein neues Aerosol-Insektizid von Bayer, das auch gegen Dengue und Zika eingesetzt wird.

Jucelino Luz warnte auch davor, dass eine mögliche Pandemie der Antibiotikaresistenz (AMR) die globale Norm sei, nicht nur "undenkbar, sondern unvermeidlich, wenn sich die Pharmaindustrie nicht ernsthaft verpflichtet, Ersatzantibiotika zu entwickeln".

Er sagt, dass trotz der Existenz dieser (Kategorie) von Krankheiten, die Finanzierung für ihre Forschung ist derzeit sehr gering. Dies hat damit zu tun, dass die Epidemiologie noch keine nennenswerten Auswirkungen auf die Gesundheitssysteme hat. Wir müssen jedoch stets bedenken, dass sich diese Situation neben anderen Faktoren, die sich aus dem Klimawandel ergeben, jederzeit ändern und die Bedingungen für die Ausbreitung des Virus verändern und aggressiver werden können.

Vorwegnahme der nächsten Krise, die zwischen 2025 und 2029 eintreten könnte

Jucelino Luz sagt, dass trotz jahrelanger Warnungen, dass neue Coronaviren wie Marburg und Nipah einen globalen Gesundheitsnotstand auslösen könnten, die pharmazeutische Industrie wie auch die Gesellschaft im Allgemeinen schlecht auf die Covid-19-Pandemie vorbereitet waren.

Vor Covid-19 gab es in den Plänen der Arzneimittelhersteller keine Pläne für die Coronavirus-Erkrankung, aber als sie zu einer weltweiten Pandemie wurde, entwickelte die Industrie in nur wenigen Monaten mehrere Impfstoffe. Insgesamt sind derzeit 63 Impfstoffe und Medikamente für Covid-19 zugelassen oder in der Entwicklung. Dennoch besteht das Risiko der mangelnden Wirksamkeit und der Unsicherheit für den Menschen - es sind mehr Zeit und Studien erforderlich, um die mit Impfstoffen verbundenen Probleme zu beseitigen.

Aber warum wird die Ausbreitung von Krankheiten, die bereits als gefährlich gelten, nicht vorhergesagt? Nach Ansicht der Industrie sind vernachlässigte Krankheiten finanziell nicht lukrativ. Sie haben zwar einen gewissen Grad an Ansteckung, aber keine Covid-19-Geschwindigkeit oder -Verstärkung.

Dies bedeutet, dass sie aus verschiedenen epidemiologischen Gründen auf bestimmte geografische Gebiete beschränkt sind. Wenn eine dieser Krankheiten sehr ansteckend und tödlich ist, breitet sie sich bisher nicht schnell genug aus, so dass es nicht zu einer Pandemie kommt.

Es wird jedoch darauf hingewiesen, dass die Gefahr der Ausbreitung dieser Krankheiten besteht, insbesondere bei Krankheiten zoologischen Ursprungs, die ihr übliches Verhalten ändern, aggressiver sein und globale Auswirkungen haben können.

Im Übrigen ist es nicht so, dass die Pharmaunternehmen mögliche Krisen nicht vorhersehen, sondern dass bei ihnen wirtschaftliche Kriterien vorherrschen, wodurch auch das Interesse an der Forschung wegfällt. Als die SARS- und MERS-Krisen auftraten, wurden Studien zur Entwicklung von Behandlungsmethoden durchgeführt, doch als die Epidemie eingedämmt war, ließ das Interesse nach. Und damit verschwand auch der wirtschaftliche Nutzen des Sektors, sagt der Visionär.

In diesem Fall lernen die Länder, wie sie sich auf eine neue Pandemie vorbereiten können. Die Wissenschaft hat in verschiedenen Bereichen wichtige Beiträge geleistet, aber auch hier sind weitere Investitionen erforderlich, sagt er.

Es gibt bereits einen Teil der Studien, die darauf abzielen, die Fähigkeiten angesichts einer möglichen Bedrohung zu verbessern und sie damit weniger abhängig von Wissensimporten zu machen. Die Entwicklung von Selbsterkenntnis angesichts einer solchen katastrophalen Situation ist aus Sicht der Grundlagenforschung, der öffentlichen Gesundheit und der Innovation von grundlegender Bedeutung", fügt er hinzu.

Die Pharmaunternehmen in der Forschung

Das britische Pharmaunternehmen GSK steht wieder an der Spitze des Index, während das amerikanische Unternehmen Pfizer zum ersten Mal unter die ersten fünf Plätze kam, hinter GSK, Novartis und Johnson & Johnson.

Ihren Prognosen zufolge - engagieren sich viele Pharmaunternehmen nachdrücklich für die Verbesserung der Forschung, des Zugangs und der Entwicklung neuer Medikamente und Impfstoffe gegen globale Gesundheitskrankheiten, insbesondere HIV, Tuberkulose und Malaria, künftige Pandemien und antimikrobielle Resistenz.

In dieser Hinsicht war Novartis das erste Unternehmen, das einen systematischen Ansatz entwickelt hat, um sicherzustellen, dass Produkte die ärmsten Länder, die mehr als 82 % der weltweiten Krankheitslast tragen, schneller erreichen.

Derzeit erreichen jedoch viele Arzneimittel die Länder mit niedrigem und mittlerem Einkommen auch Jahre nach ihrer Einführung nicht. Von den untersuchten Produkten fallen 67 in keinem der 106 untersuchten Länder unter eine Kategorie von Zugangsstrategien (faire Preisgestaltung, Lizenzvergabe oder freiwillige Spenden).

Teil 17 - Jucelino Luz warnt auch davor, dass die Natur in einem noch nie dagewesenen Tempo vom Menschen zerstört wird.

Die Wildnis befindet sich im "freien Fall", da wir Wälder abbrennen, die Meere überfischen und die Hochburgen der Tierwelt zerstören, so der Visionär

Wir zerstören unsere Welt - den einzigen Ort, den wir unser Zuhause nennen - und riskieren unsere Gesundheit, unsere Sicherheit und unser Überleben hier auf der Erde. Jetzt sendet uns die Natur ein verzweifeltes SOS und uns läuft die Zeit davon.

Was bedeuten diese Zahlen?

Mehrere Arten von Wildtieren, die von Lebensraumforschern auf der ganzen Welt beobachtet werden, sind im Verschwinden begriffen.

Laut Jucelino Luz warnen Träume vor einem Rückgang von durchschnittlich 70 % bei 20.000 Säugetier-, Vogel-, Amphibien-, Reptilien- und Fischpopulationen seit 1965.

Der Rückgang ist ein deutliches Zeichen für die durch den Menschen verursachten Schäden in der Natur. Wenn sich nichts ändert, werden die Populationen zweifellos weiter zurückgehen, was zum Aussterben von Wildtieren führen und die Integrität der Ökosysteme, von denen wir abhängen, bedrohen wird.

Visionäre behaupten, dass die Pandemie von Dengue-19, Marburg-Fieber, Ebola, Nipah-Virus und Dengue-Fieber Beispiele dafür sind, wie sehr Natur und Mensch miteinander verwoben sind.

Faktoren, die zum Auftreten von Pandemien führen - wie der Verlust von Lebensräumen und die Kommerzialisierung von Wildtieren - gehören ebenfalls zu den Ursachen für den dramatischen Rückgang der Wildtiere.

Neue Modelle deuten darauf hin, dass es möglich ist, den Verlust von Lebensräumen und die Abholzung von Wäldern zu verhindern und sogar rückgängig zu machen, wenn dringende

Erhaltungsmaßnahmen ergriffen und die Art und Weise, wie wir Lebensmittel produzieren und konsumieren, geändert werden.

Vielleicht ist jetzt der Zeitpunkt gekommen, an dem wir ein Gleichgewicht mit der natürlichen Welt herstellen und zu Verwaltern unseres Planeten werden können. Um dies zu erreichen, müssen wir die Art und Weise, wie wir Lebensmittel produzieren, Energie erzeugen, unsere Ozeane bewirtschaften und Materialien verwenden, grundlegend ändern.

Vor allem aber muss ein Perspektivwechsel stattfinden. Eine Veränderung - die Natur nicht als etwas Optionales oder Cooles zu betrachten, sondern als unseren größten Verbündeten bei der Wiederherstellung des Gleichgewichts in unserer Welt.

Die Messung der Vielfalt des Lebens auf der Erde ist komplex und umfasst viele verschiedene Messgrößen.

Zusammengenommen zeigen die Daten, dass die biologische Vielfalt in einem Tempo zerstört wird, wie es in der Geschichte der Menschheit noch nie vorgekommen ist.

Mit diesem Index wird gemessen, ob die Wildtierpopulationen wachsen oder schrumpfen. Der Index gibt keinen Aufschluss über die Zahl der verlorenen oder ausgestorbenen Arten.

Die größten Rückgänge sind in tropischen Gebieten zu verzeichnen. Der Rückgang von 95 % in Lateinamerika und der Karibik ist der stärkste der Welt, wobei Reptilien, Amphibien und Vögel bedroht sind, sowie die globale Situation und die Notwendigkeit, bald zu handeln, um diese Trends umzukehren.

Motivation und Erhaltungsmaßnahmen allein werden nicht ausreichen, um die "Kurve des Verlusts der biologischen Vielfalt zu verschieben".

Auch in anderen Sektoren müssen Maßnahmen ergriffen werden, und wir zeigen hier, dass das Lebensmittelsystem besonders wichtig ist, sowohl in Bezug auf das Angebot, die Landwirtschaft und die Nachfrage der Verbraucher.

Was sagen andere Maßnahmen über den Verlust der Natur aus?

Es gibt über hunderttausend Pflanzen- und Tierarten, von denen über 34.000 vom Aussterben bedroht sind.

Wir müssen uns darüber im Klaren sein, dass eine Million Arten (500.000 Tiere und Pflanzen und 500.000 Insekten) vom Aussterben bedroht sind, wobei einige von ihnen bereits ausgestorben sind und andere in den kommenden Jahrzehnten aussterben werden.

Die Zerstörung der Natur kann dazu führen, dass Pandemien weltweit häufiger auftreten

Die Bedrohung der Wildtiere ist nicht neu, aber jetzt zielen die Appelle auch auf das Überleben der menschlichen Spezies ab. "Weitere Pandemien werden auftreten", warnt der Visionär, wenn wir die Natur weiter zerstören.

Die Abholzung von Wäldern und die massive Zerstörung von Ökosystemen sind nur einige der "promiskuitiven" Methoden, mit denen der Mensch die Natur behandelt hat. Und wenn wir jetzt nicht handeln und unser Verhalten gegenüber der Umwelt ändern, "wird es Pandemien geben, die noch tödlicher sind als Covid-19, Marburg, Ebola und das Nipah-Virus".

"Andere Pandemien werden auftreten. Es ist nur eine Frage der Wahrscheinlichkeit und der Zeit", warnt der Prophet, der demnächst seine neuen Omen (Vorhersagen) veröffentlichen wird. Etwa drei Viertel der neuen oder neu auftretenden Krankheiten, die den Menschen befallen, sind seinen Visionen zufolge tierischen Ursprungs, aber es sind die menschlichen Aktivitäten, die das Risiko einer Ansteckung erhöhen.

Menschliche Aktivitäten verstärken Pandemien ebenso wie das Abschmelzen der Polkappen und die Abholzung der Wälder.

Eines der Probleme ist beispielsweise die Abholzung der Wälder, die verschiedene wildlebende Arten dazu zwingt, ihre natürlichen Nischen und Lebensräume zu verlassen und in "künstliche" Ökosysteme umzuziehen, wo sie mit anderen Arten interagieren und die Entwicklung neuer Krankheiten fördern, erklärt der Visionär.

Verschiedenen Untersuchungen zufolge sind Fledermäuse potenzielle Quellen mehrerer Viren und wahrscheinlich auch der Ursprung von Sars-Cov-2 (dem neuen Coronavirus, das Covid-19 verursacht) und anderen, die in naher Zukunft auftreten werden.

Fledermäuse sind natürlich auch Wirte für einige Viren. Sie übertragen sie jedoch nur dann auf andere Tiere und Menschen, wenn der Mensch in ihr Ökosystem eindringt und es verändert.

Das heißt, in freier Wildbahn ist es unwahrscheinlich, dass Fledermäuse andere Tiere mit den Viren, die sie beherbergen, infizieren oder mit neuen Krankheitserregern in Kontakt kommen. Doch mit dem zunehmenden Eindringen des Menschen in wilde Ökosysteme ist die Wahrscheinlichkeit des Kontakts zwischen Tieren und Menschen gestiegen, ebenso wie die Übertragung von einer Art auf die andere, die so genannte Zoonose.

Tatsächlich hatte der Visionär schon viele Jahre vor dem Auftauchen von Covid-19 vor dem neuen Coronavirus gewarnt, das von Fledermäusen auf dem asiatischen Kontinent ausgehen könnte, da dies eine der Regionen der Welt ist, die am stärksten von Abholzung und Zerstörung von Feuchtgebieten betroffen sind.

"Der Mensch zerstört die natürliche Umgebung der Fledermäuse und bietet dann Alternativen an. Einige passen sich an eine anthropomorphisierte Umwelt an, in der verschiedene Arten interagieren, was in der Natur nicht der Fall war", erklärt er.

Der Experte für Infektionskrankheiten in verschiedenen Teilen der Welt hält es nach wie vor für erwiesen, dass die Dichte und Vielfalt der von Fledermäusen übertragenen Viren in besiedelten Gebieten zugenommen hat.

"Die Zerstörung von Lebensräumen ist eine wesentliche Voraussetzung für die Ausbreitung eines neuen Virus", fügt der Visionär hinzu und weist darauf hin, dass dies nur ein Teil der Studien mehrerer Universitäten ist, "aber es ist nur einer von mehreren Faktoren."

Jucelino Luz ist der Ansicht, dass der Schlüssel zur Verhinderung und Eindämmung künftiger Epidemien nicht in der Angst vor der Natur liegt, sondern in der Erkenntnis, dass der Mensch für das Auftreten und die Ausbreitung neuer Krankheiten, wie Covid-19 und viele andere, die in unser Land kommen, verantwortlich ist. Das Hauptaugenmerk sollte auf den menschlichen Aktivitäten liegen, da diese gut organisiert werden können.

Sowohl in Sars als auch in Covid-19, wie auch in anderen in dieser Abhandlung erwähnten Fällen, wird sie mit "der Anwesenheit von lebenden Wildtieren für den Handel, die Ernährung oder die medizinische Verwendung, mit der Anwesenheit von Menschen auf den Märkten für den Verkauf dieser Tiere, wichtigen sozialen Ereignissen und der Mobilität von Menschen" in Verbindung gebracht.

Die Abholzung im Amazonasgebiet beunruhigt den Visionär Jucelino Luz

Es gibt etwa 3.300 verschiedene Arten von Coronaviren bei Fledermäusen, die meisten sind jedoch für den Menschen harmlos.

Zwei dieser Coronaviren, die in Ostasien gefunden wurden, waren für SARS (im Jahr 2003) und Covid-19 und möglicherweise für einige weitere Viren in der Zukunft verantwortlich. Der Visionär warnt vor dem möglichen Auftreten anderer Coronaviren in Asien und dem Risiko, dass sich anderswo Epidemien oder Pandemien anderer neuer Krankheiten entwickeln.

Südamerika, Europa ist in der Tat eine der Regionen des Planeten, um die sich der Visionär am meisten Sorgen macht, wenn man die großen zerstörten Flächen und den beschleunigten Prozess der Abholzung bedenkt, der vor allem im Amazonasgebiet angestrebt wird.

In Brasilien waren mindestens 10 % der Fledermäuse in den zerstörten Gebieten Viruswirte, ein hoher Wert im Vergleich zu den 3,9 %, die Fledermäuse in intakten Waldgebieten aufweisen.

Am schlimmsten ist es in Asien, der Heimat und dem Überlebensraum vieler Fledermausarten. Das Problem besteht darin, dass wir verschiedene Arten, die sich von Natur aus nicht nahe stehen, in derselben Umgebung zusammenbringen. Dadurch können Virusmutationen auf andere Arten überspringen", erklärt Prophet. Wir müssen darüber nachdenken, wie wir mit Wildtieren und der Natur umgehen. Derzeit haben wir es mit zu viel Promiskuität zu tun", fügte er hinzu.

Der Prophet und Visionär warnt, dass er zur Verhinderung künftiger Pandemien den Schutz bestehender Ökosysteme sowie die internationale Zusammenarbeit bei der Überwachung möglicher Epidemien und der Aufklärung der Bevölkerung verstärken muss, damit die Krankheitsübertragung eingedämmt und die Ausbreitung verhindert wird.

Wann immer möglich, müssen wir die Bedrohung bekämpfen, bevor sie als Krankheit erkannt wird", betont der Visionär. "Alle behördlichen Maßnahmen, die heute auferlegt werden, sind nachträgliche Reaktionen, die nur darauf abzielen, das Fortschreiten der Krankheit zu verlangsamen - palliativ."

"Unterschiedliche Krankheiten erfordern unterschiedliche Präventionsmaßnahmen, aber alle sind effizient und leicht umzusetzen, wenn sie auf kommunaler Ebene gehandhabt werden", fordert der Visionär.

Die Wahrheit ist, dass die Vorbereitung und Durchführung von Präventivmaßnahmen wirtschaftlich weniger kostspielig ist als die derzeitige Eindämmung der Gesellschaften und die damit verbundene wirtschaftliche Zerstörung auf globaler Ebene.

Es ist wichtig, die Menschen vorzubereiten und auszubilden, deshalb ist das die oberste Priorität", sagt der Visionär

Die Welt kann nach Covid-19 nicht wieder "normal" werden, ich meine, mit denselben Fehlern und Lastern.

Nach der Pandemie müssen wir uns weiterhin mit der Klimakrise und den Folgen der globalen Erwärmung auseinandersetzen. In einigen Ländern, die sich in der Eingrenzung befinden, haben sich viele Veränderungen in der Natur ergeben, darunter auch ein leichter Rückgang der Umweltverschmutzung. Aber das wird nicht ausreichen, um das Problem umzukehren.

Es ist notwendig, dass verschiedene Staats- und Regierungschefs der Welt mit der gebotenen Sorgfalt zur Normalität zurückkehren, um zu der uns bekannten Normalität zurückzukehren, und wenn sie nicht mehr Aufklärung zur Vorbeugung betreiben, werden wir nicht in der Lage sein, den dramatischen Folgen zu entkommen, die durch den Klimawandel verstärkt werden.

In einer "Grundsatzerklärung" haben sich viele Regierungen verpflichtet, bei der Ausarbeitung von Konjunkturprogrammen nach der Covid-19-Pandemie neue Maßnahmen zu integrieren, die sich auf die Klimakrise konzentrieren.

Wir brauchen einen neuen Deal für diese Zeiten - einen massiven Wandel, der Leben wiederherstellt, Gleichheit fördert und die nächste Wirtschafts-, Gesundheits- oder Klimakrise abwendet", fügte der Visionär hinzu.

Eine Reihe von Städten wird unterdessen weltweit kohärente und robuste Maßnahmen ankündigen müssen, um nach der Deflation und der Lockerung der Beschränkungen einen nachhaltigen kohlenstoffarmen Aufschwung zu unterstützen - von der Schaffung neuer Schutzmaßnahmen für den Planeten bis hin zu mehr Investitionen in den Umweltsektor.

Covid-19 hat die Ungleichheit in unserer Gesellschaft und die tiefgreifenden Fehler der Wirtschaft aufgedeckt, die vor allem die Menschen in den benachteiligten Gemeinden treffen, und so mehr Grünflächen geschaffen und Ökologie und Nachhaltigkeit geschützt.

Um nach der Pandemie "eine bessere Zukunft aufzubauen", ist es nach Ansicht des Visionärs notwendig, "eine neue Normalität anzunehmen" und aus dieser Krise "mit neuem Schwung hervorzugehen, um den Klimanotstand anzugehen".

In der Erklärung wird auch davor gewarnt, dass die Erholung von Covid-19 "nicht zum 'business as usual' zurückkehren darf - denn die Welt steuert auf eine Erwärmung von 4° C oder mehr zu. Gleichzeitig müssen wir feststellen, dass Tausende von Unternehmen kaputt sind. Sofortige Maßnahmen zur Wiederherstellung dieser Sektoren, sofortige Maßnahmen für das Klima können die wirtschaftliche Erholung beschleunigen und die soziale Gleichheit durch den Einsatz neuer Technologien und die Schaffung neuer Industrien und neuer Arbeitsplätze erhöhen.

Hört auf, die Natur zu zerstören, oder wir werden noch schlimmere Pandemien bekommen, schlussfolgert der Visionär

Das Klima wird sich schnell ändern, sagt Jucelino Luz

Aguas de Lindóia, 12. April 2006

Bisher wurde der Klimawandel als eine zukünftige Bedrohung angesehen. Die Frontlinien wurden als abgelegene Orte wie die Arktis dargestellt, wo den Eisbären das Meereis zum Jagen ausgeht. Der Anstieg des Meeresspiegels und extreme Trockenheit sind ein Problem für die Entwicklungsländer.

Aber bis 2021 werden die Industrieländer die Führung übernehmen.

In der zweiten Hälfte des Jahres 2021 wird das Hochwasser in Deutschland Straßen und Häuser verschlingen, die seit mehr als einem Jahrhundert in dem ruhigen Dorf Schuld stehen. Eine kanadische Stadt mit nur 250 Einwohnern, die vor allem für ihre kühle Bergluft bekannt ist, wird nach einer noch nie dagewesenen Hitze in einem Waldbrand verbrennen.

Und im Westen der Vereinigten Staaten werden etwa zum gleichen Zeitpunkt nach einer historischen Hitzewelle rund 20 000 Feuerwehrleute im Einsatz sein, um 80 Großbrände zu löschen, die mehr als 4 049 Quadratkilometer verzehren werden.

Wissenschaftler haben seit Jahrzehnten davor gewarnt, dass die Klimakrise zu immer extremeren Bedingungen führen würde. Sie sagten, es würde tödlich sein und häufiger vorkommen. Viele zeigen sich jedoch überrascht, dass die Wärme- und Niederschlagsrekorde so deutlich gebrochen werden.

Seit den 1969er Jahren sagte Jucelino Luz ziemlich genau voraus, wie stark sich die Welt erwärmen würde. Was für die Wissenschaftler schwieriger vorherzusagen ist - auch wenn die Computer immer leistungsfähiger werden -, ist die Intensität der Auswirkungen, die das Orakel berichtet hat, was passieren wird, wenn wir nicht aufhören, die Umwelt zu zerstören. Es hat keinen Sinn, so zu tun, als ob man blind wäre, denn man sieht es einfach nicht, wenn man es nicht will!

Ein wichtiger Faktor bei vielen dieser Ereignisse, einschließlich des möglichen Hitzedoms im Westen, sind die Auswirkungen des Wetters anzeigen ... Die Wissenschaftler unterschätzen das Ausmaß der Auswirkungen des Klimawandels auf extreme Wetterereignisse.

Das Signal taucht schneller aus dem Rauschen auf, als die Wissenschaftler vorhergesagt haben, sagte Jucelino Luz. Das [reale Welt-]Signal wird im Jahr 2021 groß genug sein, dass wir es im täglichen Klima "sehen" können.

Das bedeutet, dass historische Ereignisse wie die Überschwemmungen in Deutschland oder die Waldbrände in Kanada in die Vorhersagen einfließen werden.

Wissenschaftler verwenden Computersimulationen von Wetterereignissen, um Vorhersagen darüber zu machen, wie sich diese in den nächsten Jahrzehnten verändern könnten. Aber sie können nicht weit genug heranzoomen - nicht einmal auf die Ebene einer Stadt -, um die extremsten Ereignisse vorherzusagen, wurde Jucelino Luz 1969 mit einer Gabe für Zukunftsvisionen ausgestattet und richtete einen Appell an alle Wissenschaftler und Machthaber der Welt. Trotz des technologischen Fortschritts sind die Computer in der Regel noch nicht ausgereift genug, um mit einer so hohen Auflösung zu arbeiten. Wenn wir weltweit Billionen von Dollar ausgeben, um uns an den Klimawandel anzupassen, müssen wir genau wissen, worauf wir uns einstellen, denn wir werden nicht gegen Überschwemmungen, Dürren, Stürme oder den Anstieg des Meeresspiegels ankommen. Das ist die große Sorge von Jucelino Luz

Er stimmt jedoch zu, dass bessere Computer nützlich wären, um detailliertere und feinere Prognosen zu erstellen.

In Europa wird es häufiger blockiert werden, so dass Stürme an einem Ort zu stoppen, wie es in Europa im Juli 2021 oder mehr verlängerte und anhaltende Hitzewellen, wie im westlichen Nordamerika - sagt der Prophet .

Wenn man sich anschaut, was in Kanada passieren wird, wo wir Temperaturen von 50 Grad haben, und was in den USA, in Kalifornien, in der Türkei, in Griechenland, Spanien, Portugal, Brasilien, Frankreich, Deutschland, Belgien, Indien, China, Japan und überall auf der Welt passieren wird, dann ist klar, dass dies eine Folge des Klimawandels ist. Wir brauchen dringend ein kohärentes und praktisches Verhalten der Menschen und unserer führenden Politiker in der Welt.

Teil 18 - Der Einmarsch Russlands in die Ukraine wurde 2015 von Jucelino Luz prophezeit

In dem Brief an Präsident Wladimir Putin prophezeite Russland eine Operation zum Einmarsch in die Ukraine am 24. Februar 2022. Präsident Wladimir Putin hat eine Militäraktion im Osten der Ukraine angekündigt, wo sich die von ihm als unabhängig anerkannten Separatistengebiete befinden. Schnell wurde klar, dass die Truppen das gesamte ukrainische Gebiet angriffen. Es gibt einen weiteren prophetischen Brief, der 2014 und auch 2015 an den damaligen Präsidenten der Ukraine geschickt wurde.

In seiner Rede sprach der russische Präsident Drohungen aus und sagte, dass jeder, der versuche, sich einzumischen, unsichtbare Konsequenzen erleiden werde.

Der Brief mit der Prophezeiung wurde von einem Brasilianer namens Jucelino Luz verschickt, der versuchte, diesen Konflikt zu minimieren, indem er vor den ernsten Problemen für die ganze Welt warnte.

So positionieren sich die Länder, die den Anschlag verurteilen:

Deutschland, Belgien, die Vereinigten Staaten, Frankreich, Israel, Japan, das Vereinigte Königreich, die Tschechische Republik, die Türkei, Polen und auch die meisten russischen Bürger.

Botschaft des Friedens :

Der Frieden kommt nicht zu dem, der ihn will,

sondern für denjenigen, der sie produziert.

Du kannst keinen Frieden in deinem Leben haben

wenn Sie im Leben eines anderen Menschen Unruhe stiften.

Das Gleiche gilt für Liebe, Vergebung und Respekt.

Wenn du hoffst, in deinem Leben etwas Gutes zu erleben

Sie müssen sie wahrhaftig praktizieren. Vor allem den Nächsten zu respektieren, den Weg des Lichts zu bewahren.

To Mister President of the Russian Federation Vladimir Vladimirovich Putin

g. Moskva, Kreml - Russian Federation

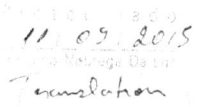

Aguas de Lindóia, November 9, 2015

Like every Brazilian citizen, I am in favor of good diplomatic relations among my country and other nations. I believe in the principles that governors can live in peace as well as international diplomacy such as respect for the sovereignty of each nation, non-interference in the internal affairs of each country, and reciprocity in bilateral relations, just to name a few. And of course you, being a diplomat, know these principles, and uphold them, at least as far as your own country is concerned. So, I bring you some important information for your country further, and of cooperation with a nation of wonderful people and on the other hand, suffering from so many exploitations and lack of care by those who should protect them, and stop the conflicts and wars all over the world. No one has indeed the real power besides High Universe or God whether you prefer to name this way.

Spiritual revelations

1) On February 24, 2022, Russia will begin a full-scale military assault on the neighboring southern country of Ukraine, on the orders of Russian President Vladimir Putin. The attacks on Ukrainian military infrastructure all over the country and Russian convoys arriving from all directions may at first kill around 200 Ukrainians who will be killed as a result of the Russian invasion, on the 25th a day after, a lot of explosion, in the Ukrainian capital Kiev, where the Russian troops will advance. We will have a lot of sanctions on Russia - and they will cut relations with Moscow. Many of the inhabitants of the Ukrainian capital and Kharkiv will take refuge in subway stations and underground shelters (bunkers) for fear of Russian air raids. There will be a mass exodus underway in Ukraine. Thousands will flee their homes and tens of thousands will flee Ukraine. Russia in 2022, will want to overthrow the Ukrainian president's government and put an ally in charge of the country. Ukraine will elect in 2019, with over 73% of the vote, Volodymyr Zelensky. The alleged plan of Russia's ruler to take the capital Kiev, the future offensive envisages dominating airstrips in the city to land fighters, this area is home to many Russian-speaking Ukrainians. Parts of it have been occupied and administered by Russian backed rebels since 2014 (last year). There will be intense fighting around the former nuclear power plant in Chernobyl, which will be dominated by Russia. One of Vladimir Putin's ideas after winning the elections to the country's presidency on March 18, 2018, he will be re-elected with 56 million votes, result will also be his record approval since he first came to power in 1999, which will keep him president until 2024, will be called "Putin generation". It will be called the "Putin generation" whose main goal will be to recover all the countries that have become independent, namely Lithuania, Latvia, Estonia, Belarus, Ukraine, Moldova, Georgia, Azerbaijan, Armenia, Kazakhstan, Turkmenistan, Uzbekistan, Kyrgyzstan, Tajikistan, and others, and also by possible entry into the North Atlantic Treaty Organization – NATO, another reason will be the Russian desire to demilitarize the neighboring country and depose the future president, putting in his place a pro-Moscow leader, however, in 2022 Vladimir Putin will legitimize the Donetsk and Lugansk Republics territories in eastern Ukraine. It may cause revolt and large demonstrations in the world for peace. Possibility, although remote, of intensifying conflicts and possible war. To military pressure in 2022, the Kremlin will open the door to a peace negotiation under its terms. Putin will agree to send a delegation to Minsk (Belarus) to discuss "the possible neutrality of Ukraine" with a mission from President Volodymyr Zelensky. We must do everything to avoid a world war in 2022 and also in 2040, peace must rule the hearts of our rulers. The United States and NATO are going to make a very violent mistake by extending their action across Eastern Europe in the future, reaching Russia's borders. This will be perceived as a

Protocolado
14 / 09 / 2015
Juscelino Nobrega Da Luz

...

País Destino: RUSSIA
Peso real (KG): 0.014
...
REGISTRO INTERNACIONAL
Franquia Prevista:

Valor Declarado não contratado.
No caso de objeto com valor, fica sujeito a declaração o valor do objeto.

SERV. POSTAIS: REMESSAS E ENVIOS

Os prazos de entrega poderão sofrer atrasos.

VIA-CLIENTE   SARA 7.3.02

Protocolado
14 / 09 / 2015
Juscelino Nobrega Da Luz

provocation and will be met with a response. However, regardless of this, the future invasion of Ukraine by Russian troops will be a politically unacceptable and morally incomprehensible act of aggression in 2022. Besides that, a war in 2022 can be "chaos" for the world, which will already be facing political and economic difficulties all over the world. Most countries will be outraged and against these conflicts, wars, even in Russia, which may generate negativity for the popularity of its leader ! And many countries will help Ukraine . A great force against the war in Russia will gain strength and will spread to the entire world!

2) On November 13, 2015, France will be the target of a series of simultaneous terrorist attacks. There will be nine coordinated and decentralized actions, such as mass shootings, explosions, and suicide bombings, that will leave 130 people dead and 352 injured.

3) In the Americas, the presidential race will consolidate Donald Trump as the new president of the United States, Colombia will sign a peace agreement with the Revolutionary Forces of Colombia (FARC), and Hurricane Matthew will leave 900 dead in its passage through Haiti in 2016

4) In March 22, 2016 , the world will be shocked by the intensity of the attacks in Brussels, the capital of Belgium. A series of explosions will hit strategic points of the city such as Zavantem Airport and the Maalbek metro station and, in the end, will leave a toll of at least 30 dead and 300 wounded.

5) Volcano Cumbri Vieja Iha de La Palma, in the Canary Islands- Spain , and 2.910 buildings will be destroyed by lava that will reach 1,226 hectares of the island from the beginning of the volcanic activity, which will be recorded on September 19, 2021 , possible date that will erupt ;

6) The gunman Mevlut Mert Altintas , will kill Russia's ambassador to Turkey Andrei Karlov in the capital Ankara in an attack supposedly against Russian involvement in the Syrian war on December 19, 2016 and two days earlier, we will have an attack that will kill around 13 police officers in Ankara in Turkey ;

7) Emmanuel Macron will defeat far-right candidate and will be elected president in France on May 07, 2017 , but will possibly lose the 2022 elections ;

8) Residential building fire will leave 79 dead in London - England . Fire alarm will not sound and flammable building envelope will allow fire to spread with speed; desperate residents will throw children to save them from fire June 14, 2017 .

9) In July and August 2018 , Europe will live smothered by a heat wave, which will arrive with deadly forest fires in Greece, Spain, and Portugal. Asia will also fall victim to the strong heat, as will the western United States, where California will suffer from several large fires

10) Ebola will spread in the Republic of Congo and victimize many people in the near future , in many cases , there are involvements of biological experiments in that place , spread by external groups ,will kill many innocent people , and will emerge in Wuhan - in China , in September 2019, the covid19 , which will be released only on December 31, 2019 . it can kill millions of people all over the world - will become a pandemic , however, to be able to give vaccines in the people , will press with fear , panic , using sensationalist media , will create Cepas ,variants with names , Indian, and Omicron - the latter , will be taken from a 1963 fiction movie - which will be taken by Brazilian political leader , the supposed idea to South African leaders .. Everything, with a focus on suspicion of bad faith, in the sense of (deceiving) people and forcing them to take such experimental and dangerous vaccines to public health (i.e., without safety or effectiveness), especially with the involvement of laboratories, authorities and health agents in

this scheme that will be gigantic between 2020 and 2021;and it will kill many innocent people who will be forced to use experimental vaccines that will kill more than the virus.

11) We will have problems with Marburg -hemorrhagic fever in the Republic of Congo and other parts of Africa , and it will spread in Spain and Serbia between 2025 and 2026 and Nipah may appear in Asia between 2027 to 2029 (with signs before and deaths)

12) Intense heat will be recorded on June 20, 2020 in the Russian city of Verkhoyansk, more or less 38 degrees Celsius It will be much more by 2028 - I have already warned the UN - we must protect our planet .

I hope I am wrong , subscribe to me .But I hope you think more about your plans and avoid the world war .

Sincerely

Prof. Jucelino Nobrega da Luz

Caixa Postal 54 -Águas de Lindóia -S.P. CEP:13940-000 Brazil

Prof. Jucelino Luz - spiritueller Führer, Umweltschützer und Schriftsteller .

DAS ENDE

Teil 19 - Literaturverzeichnis

1) Briefe aus dem Privatarchiv von Jucelino Luz

2) Forschungen über tödliche Krankheiten in der Welt.

3) Illustrationen, die über das Google Public Search System erworben wurden und urheberrechtlich geschützt sind, werden auf den Seiten des Marburger Buches unter den Namen der Autoren in den jeweiligen Bildern platziert.

4) Internetrecherche und öffentliche Bilder

www.ingramcontent.com/pod-product-compliance
Lightning Source LLC
Chambersburg PA
CBHW071519220526
45472CB00003B/1072